やる気と行動が脳を変える

良い習慣の形成から認知症の予防まで

切池信夫

日本評論社

はじめに

シャロン・ベグリー『脳を変える心』（茂木健一郎訳、バジリコ、二〇一〇年）を二〇一六年一月に再読した。最初に読んだのは、この本が出版されてまもない二〇一〇年末の頃である。この本の英語タイトルは *Train Your Mind, Change Your Brain* で、直訳すれば、「心を鍛えて、脳を変えよう」となる。再読し、あらためて感銘を受けた。

この本は、チベットの高僧ダライ・ラマとの対話と神経科学者の研究結果で構成され、長年、禅の修行を積んだチベットの高僧の脳に顕著な変化がみられることが記述されていた。心を鍛えると脳の構造が変わる、すなわち「心によって脳を変えることができる」ことをテーマにしていた。これは、心は脳から生じるという、一般的な考え方とは逆のような印象を与える。

近年、神経科学の分野で研究が進められ、人が環境に適応するために考え方（心の持ち方）を変えて行動すると、それに応じて脳が可塑《かそ》性*によって機能的、構造的に変化していくということがわかってきた。ベグリーの本の内容も、そうした知見に支えられたものであった。

摂食障害の治療でみえてきたこと

筆者は、神経性やせ症（拒食症）をはじめとする摂食障害の治療を約四〇年間にわたって続けてきた。拒食症の患者は女性に多く、彼女らは病気に陥る前に、何らかの理由で痩せたい、太りたくないという動機や意志をもって、厳しいダイエットや摂食制限を長期間続けている。そうしていると、いつのまにか厳しいダイエットが容易に行えるようになり、その結果、病的な低体重に陥る。そして、身体的に危険な状態にあるにもかかわらず、体重を増やす摂食行動が困難となり、低体重が持続することになる。彼女らは、太りたくないという動機や意志をもってダイエットを続けた結果、脳自体がそのような行動を容易に行えるように変化してしまうのではないかという思いが生じる。

また、鍵のかけ忘れや火の消し忘れを心配し、何度も確かめる。こうした確かめ癖もほどほどにとどまっている場合は危険防止でよい。しかし確かめ癖も度が過ぎて、一度出勤してもまた気なって家に戻り確かめ、そのため遅刻が増えて日常生活や社会生活に支障をきたすようになっても止められない。このような状態が強迫症と診断される。病気とされるのは、確かめ癖に費やす回数や時間が過剰になり、日常生活に支障をきたすかどうかで決まり、その内容では決まらない。したがって、こうした確かめ癖を長期間積み重ねると可塑性によって脳が変化して、その後はこのような行動が日常生活に支障をきたしているにもかかわらず止められない。すなわち自動的に行える強迫症の状態になるのではないかと考えられる。

良い習慣、悪い習慣

私たちは、朝目覚めてから、夜眠るまでの間、さまざまな習慣にしたがって生活を送っている。それらの習慣のなかには、生活していくうえで望ましいものもあれば、望ましくないものもある。

習慣に関する名言に、「はじめは人が習慣をつくり、それから習慣が人をつくる」（ジョン・ドライデン〔一六三一～一七〇〇年〕、イギリスの詩人・劇作家）がある。また中国の諺に、「習い、性と成る」（『書経』）がある。

習慣がいかにして脳の変化をもたらすのか。そして、脳がいかにして習慣を強化するのか——を、筆者は最近の神経科学の研究を可能なかぎり調べてみた。

その結果、①ある意志や動機に基づいて、同じ行為を長期間繰り返していると、神経の可塑性によって、新しい神経回路が形成され、脳が構造的、機能的に変化すること、②その結果として、その行為が自動的に意識せずとも行えるようになること——すなわち習慣が形成されること、③こうして、多くの習慣を積み重ねられていくにつれて、それが性格や人格を形成していくことがわかった。

つまり、今述べたドライデンや『書経』の言葉が科学的に裏づけられているのである。

そこから得られる結論は、良い習慣を身につけるには、どんなに面倒くさくても、良い行動を繰り返して長期間継続することが必要であるということである。良い行動を継続すると、脳が可塑性によって変化して、その行動を無意識に容易に行えるようになる。

一方で筆者は、悪い習慣——たとえば病的な厳しいダイエット、日常生活に支障をきたす確かめ癖、ビデオゲーム漬けの生活など——が脳に与える影響ついても調べた。すると、摂食障害、強迫症、行動嗜癖や物質依存症の人にみられる脳の変化と共通する点がみられた。これらの関係については、現在も多くの研究がなされている。

スポーツ選手の脳で発達する新しい神経回路

さて、筆者の趣味はゴルフである。六五歳で大学を退職して、体力や健康維持のため会員権を取得してゴルフコースに週一回（それまでは年一回）行くようにした。そのときのハンデ（ＨＤ）は35であった。その後少しずつ上達し、もっと上手くなりたいという思いも出て、練習を積み、七三歳でＨＤ20になった。しかし、ここからが大変でなかなか上手くならない。

すごく感じるのが、プロゴルファーのクラブ・スイングの正確さである。しかし、プロゴルファーの多くが少年期からクラブを持ちはじめ、数千時間から数万時間の練習を繰り返すことで、はじめて高い技術を体得してきたことを知ると、なるほどと思わざるをえない。

特殊な技術を習得するためには、そのために必要な身体運動を長期間、「繰り返し、繰り返し」練習し、身につけなければならないのである。では、練習によってプロ級のレベルに達したスポーツ選手たちの脳はどのように変化するのだろうか。

これについては、最近の脳画像技術の進歩に支えられた新しい事実が数多く報告されている。そしてそれは、それぞれのスポーツ種目に応じて異なり、それぞれの種目において必要とされる新しい神経回路が脳内に形成されて、そのスポーツに熟練するようになる。ゴルフ脳、バドミントン脳、ハンドボール脳……は異なるということである。このことは、第6章で述べる。

次いで、プロの音楽家、二カ国以上の言葉を話すバイリンガルの人、将棋など特殊な技能にひいでた名人や達人の脳について調べた。その結果、それぞれの技能に応じて特異的な神経回路が生じ、そして一流といわれるほどになると、それらの技能が身について、無駄に脳を働かせることなく、容易に作業を行えるようになる。これらのことは、第5章、第7章、第8章で述べる。

これらの事実に促されて、高齢者の脳トレ、心の病に対する精神療法、ヨガや瞑想などの脳におよぼす影響、長期間修行として瞑想を行っているチベットの高僧の脳について調べた。その結果、これらの精神修養や鍛錬を積み重ねることで、脳が可塑性によって、機能的、構造的に変化し、脳機能の低下を防ぐどころか、脳機能を高めることがわかってきた。このことについては、第13章、第14章、第15章で述べる。

なお、こうした行動が脳にもたらす変化への理解を深めるために、「神経の可塑性」に関する基本知識と、これに影響を与える食物、睡眠、運動との関係についての最新知識を、第Ⅰ部でまとめて解説した。

本書を書き終えて思うことは、私たちは「やる気をもって、ある行動を繰り返すことで、それに応じて脳を変化させることができる」ということである。そしてその後は、その変化した脳をベースに、新しいことに挑戦していく。それによって、さらに脳が変化していく。こうした「新しい行動への挑戦

食べたい　立って取ろうとする
立って歩ける

（心）→行動→脳の機能、構造の改善→新しい行動への挑戦→……」の繰り返しが何歳になっても重要であるということである。歳をとった人でも、脳を変化、発達させることが可能であり、逆に訓練しなければ、衰えるのも早いということである。人は生まれてからずっと、一生をかけて試行錯誤しながら自分自身しかもっていない脳をつくっていく。

自分の脳は変えようと思えば、努力の継続によって変えることができる。人生を決定づける良い習慣を身につけるか、悪い習慣を身につけるかはあなた次第だということだ。

最後に、筆者は精神医学や脳について学んできたが、脳の解剖学についてあまりくわしくない。脳の各部位やその機能は名称自体がわかりにくく、作用も複雑で、わかりやすく説明するのに悪戦苦闘した。細心の注意は払ったつもりだが、それでも誤解や誤記があるかもしれない。そのときは、ご容赦のほどをお願いしたい。各章の内容は、それぞれ独立して読めるようになっている。読みたい章から読み進めていただければと思う。

本書が皆さまの生き方に少しでも役立つことを切に願う次第である。

二〇二〇年九月　浜寺病院名誉院長室にて

切池信夫

＊脳の可塑性について。人間の脳は一二歳頃までに成人とほぼ同じ大きさとなるが、その後も発達を続け、二〇歳頃に脳神経のネットワークを完成させる。しかしそれ以降は成長しないかというと、そうではなく、その後も経験や学習を通じて、生涯を通じて変化し続ける。こうした変化を「脳の可塑性」（brain plasticity）と呼ぶ。

■やる気と行動が脳を変える——良い習慣の形成から認知症予防まで　目次

第Ⅰ部

老いても成長する脳

イントロダクション

脳は幼少期から青年期にかけて形成され、成人後は新しい神経細胞は生まれない。脳の神経回路は二〇歳頃に完成され、その後は生涯にわたり変化しない――長い間、このように考えられてきた。ところが一九八〇年代に入り、動物の脳の神経細胞は、大人になってからも新たに生まれるという事実が発見された。そして一九九〇年代になると、人間においてもこのことが確認された。しかしながら、一般にはまだ信じられていなかった。

二〇〇〇年に米国のエリック・リチャード・カンデル博士が、「学習することで神経細胞間の接合が増加して変化することを発見した」という功績で、ノーベル生理学・医学賞を受賞した。この頃から、一般にも脳の神経細胞が成人後も新生することが知られるようになっていった。

その後、多くの研究が積み重ねられ、脳は環境の変化に適応するために、機能や構造を変える性質をもつことが明らかになっていった。今では脳は、生涯を通じて環境の変化に適応するために機能と構造を変え続けることが知られている。

そこで第I部では、まず「脳は変化する」ということで生まれた「神経の可塑性」という考え方について説明する。ついで神経の可塑性を促進する食品や食事があること、睡眠中に記憶の神経回路が可塑性により調整されて記憶力が高まることを説明する。最後に、身体的な健康維持のために行っているウォーキングやダンスといった運動が、脳の可塑性を誘発して認知症の予防につながることを紹介する。

第1章 神経の可塑性について
——頭は使っても、気は使うな

ゴムボールを握り、手に力を加えるとボールは変形するが、手の力を抜くと元の形に戻る。こうした性質を弾性（elasticity）と呼ぶ。一方、可塑性（plasticity）とは、弾性と反対に、加わった力を取り除いても変形したままの状態が維持される性質のことである。

神経の可塑性とは、外界の刺激などによって脳の神経細胞が機能的、構造的に変化する性質をいう。ひとくちに神経の可塑性といっても、大きくは三つのカテゴリーに分けられる。一つ目は、脳が発生して発達していく段階にみられるものであり、二つ目は、老化や障害によって失われた脳機能が回復していく段階にみられるものであり、三つ目は、記憶や学習などの高次の神経機能が営まれるための基盤となるシナプスの可塑性である。シナプスとは、神経細胞の情報の出し手（上流）と受け手（下流）との間に発達した情報伝達のための接続構造である。

1　脳の発達段階にみられる可塑性

人間の場合、受精三週後くらいから神経管の形成がはじまる。脳のはじまりである。その後、大脳、間脳、中脳、小脳、延髄、脊髄などへと分化していく。そして、神経細胞どうしが接続して神経回路が形成される。母親の胎内で脳の基本的な構造が整えられ、神経細胞数は細胞分裂を繰り返して最大限に達する。生後三歳までに神経回路は急激に増え、その後は不要な回路は整理されて徐々に減り、神経回路網の再編成が行われる。

誕生時にはたった約四〇〇gであった脳の重量は、一歳で約九〇〇gになり、三歳で約一〇〇〇gになる。そして、脳は一二歳頃にほぼ完成し、二〇歳頃にピークに迎え、約一三〇〇g～一五〇〇gとなる（図1-1）。このように脳の大きさのピークは二〇歳頃で、その後横ばいとなり、高齢に達すると減少していく。そして、その間に生きてきた環境や経験によって、神経細胞の数や神経回路が決まり、脳の構造と機能が変化して成熟した脳になる。

子供の脳の可塑性には顕著なものがあり、たとえ何らかの要因で脳のある部位の機能が失われたとしても、他の脳部位が代替してその機能を補うようになる。たとえば病気により大脳半球の切除術を受けた子供の場合、その切除された脳部位の機能を失うはずであるにもかかわら

図１−１　脳の発達曲線

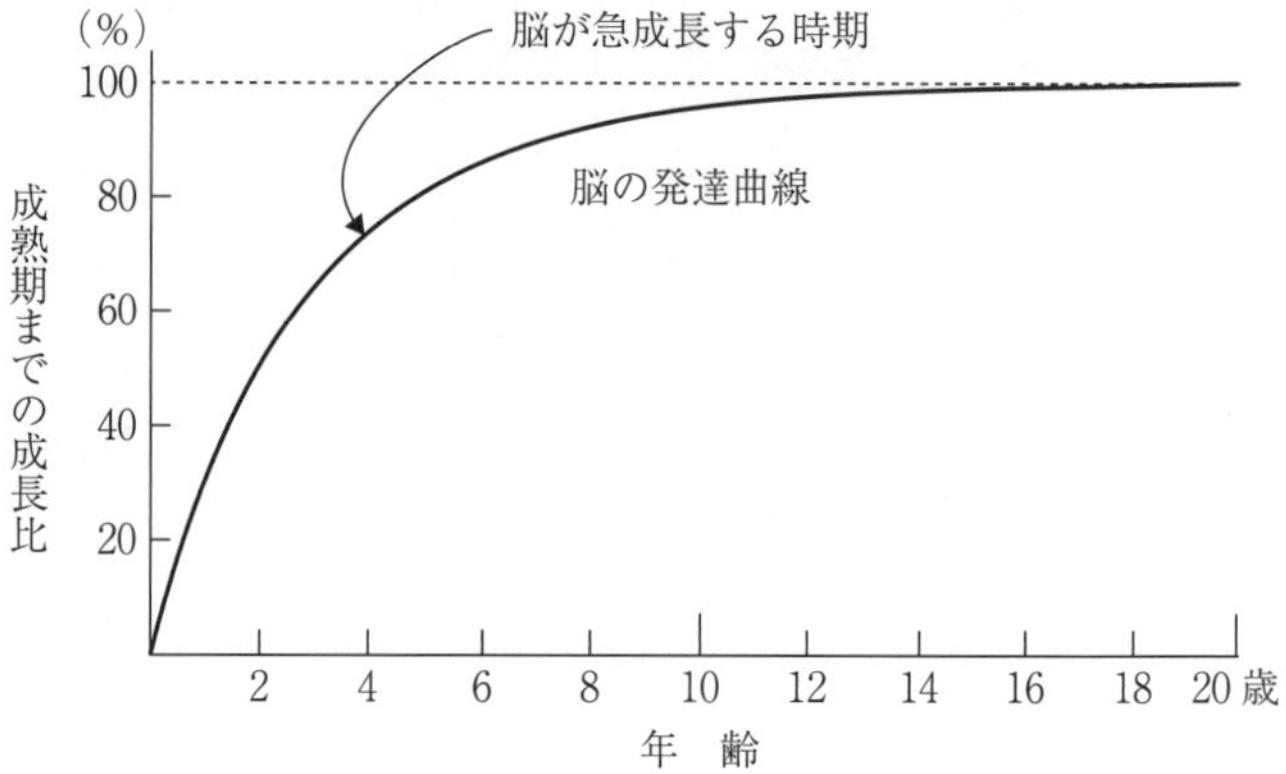

ず、時間がたつと、その機能は、ある程度回復していく。それは残っている脳部位が、可塑性によってその機能を担えるように変化するからである。このような現象がどの程度起こるかは、一般にそれぞれの機能が発達する年齢に依存しているといわれている。

2　脳障害を回復していく可塑性

脳梗塞や脳出血などの脳血管障害が生じると、それによって影響を受ける脳領域の神経細胞が死滅して、機能も失われる。しかし、最近の研究で、リハビリテーションによって損傷した脳領域周辺に新たな神経回路ができることがわかってきた。そしてそれによって、失われた機能を補い、能力が回復していくことが明らかにされている。

たとえば、脳梗塞で「指」を動かす神経細胞が死滅しても、訓練により「手首」を動かす指令を出す神経細胞が、「指」を動かす指令を発することができるようになる。その結果、ふたたび指を動かすことが可能になる。すなわち、失われた神経回路を代償するための新たな神経回路が形成され、失われた機能が回復していくのである。脳障害の回復をめざすリハビリテーションの理論は、この神経の可塑性の理解のうえに構築されている。

3　シナプスの可塑性

今、注目されているのはシナプスの可塑性である。シナプスの伝達効率は固定されたものでなく、シナプスの活動レベルに応じて可塑性が働き、シナプス間の接合の強さは変化する（図1-2）。

一九四九年にカナダの心理学者ドナルド・ヘッブ博士は、ニューロン間の接合部であるシナプスにおいて、シナプス前ニューロンの繰り返しの発火によってシナプス後ニューロンに発火が起こると、そのシナプスの伝達効率が増強されるという仮説を提唱した。シナプスの発火とは、上流の神経細胞からの情報信号が下流の神経細胞に伝わることをいう。

そして後に、同様のことが動物の脳の海馬*で起こっていることが神経科学者たちによって実

図1－2　シナプス結合

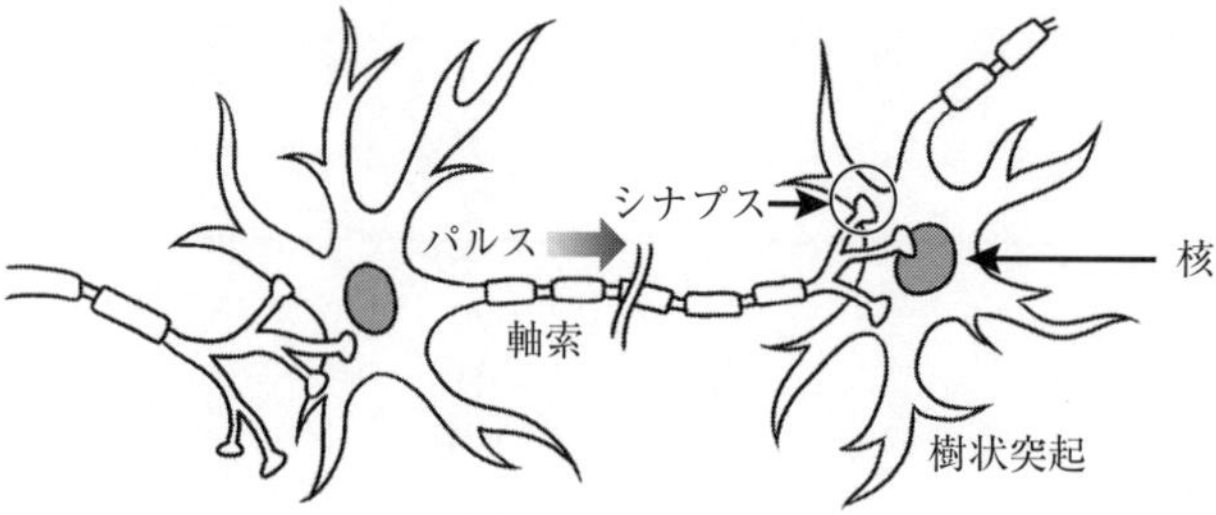

証された。海馬は短期記憶を貯め、大脳に送る役目を果たしている。さらに今では、海馬のみならず、大脳皮質、扁桃体、小脳、脳幹など、さまざまな脳領域で可塑性が生じることが明らかにされている[1]。これによりニューロンの活動に依存してニューロン間の結びつきが強化または弱化され、新しい神経回路が形成されると考えられている。

環境に適応するために新しい行動を身につけるには学習が必要である。学習によって神経細胞を発達させる必要がある。学習を繰り返すことで、必要な神経回路が増強されていき、必要な行動が簡単に行えるようになる。また学習によって一度確立された行動でも、行わなくなれば廃れていき、できなくなる。最近の研究によって、こしたシナプスの可塑性は学習を繰り返すことで、生涯にわたって維持されることがわかってきた。

自動車を安全に運転できるようになるには、教習所に通い、試験に合格して免許証を取得するだけでは不十分である。路上に出て何回も実際に運転しないと運転能力は磨かれない。そうでないと、ペーパードライバーで終わってしまう。

山道でたとえていうと、草が生い茂る細い道でも、人が往来し地面を踏みならせばならすほど、草がなくなり、道としての広がりを増す。その結果、道は歩きやすくなり、楽に歩けるようになるということである。

また「頭は使えば使うほど、良くなる」と、世間でよくいわれるが、そのとおりで、頭を使って神経回路を増やしていけば、頭の働きが良くなるのである。

「頭は使っても、気を使うな」という諺もある。これは頭は使えば良くなるが、対人関係で気を使いすぎるのは良くない、精神的に不健康になるという意味である。

＊海馬（hippocampus）とは、大脳辺縁系の一部を成す脳部位である。海馬という名称は、タツノオトシゴと形が似ていることから名がついたという説やギリシャ神話の海神ポセイドンがまたがる海馬の前足または尾に似ているので名がついたという説がある。

第2章 食物が脳を変える
——脳を健康にし、認知症を予防する食品

私たちは、毎日の食事から必要なエネルギーと栄養素をとり、それを活動、成長、発達のために使っている。育ち盛りの子供時代から青年期にかけては、成長や活動に必要なエネルギーや栄養素をより多く摂取する必要がある。そして、心身ともに衰えて活動が減少していく老年期になると、必要なエネルギー量も栄養素も少なくなり、食事量も減っていく。私たちは心身の健康を維持および増進するために、年齢や心身の状態、身体活動量に応じてエネルギー量と種々の栄養素を毎日充足していかねばならない。

古くから「医食同源」という言葉がある。これは毎日の生活でバランスのとれたおいしい食事をとることで病気を予防し、治療するという考え方である。昨今の健康ブームの波に乗り、食事や食物と健康に関するテレビ番組が朝から晩まで放映されている。これらについての本は

毎年数えきれないほど出版され、ベストセラーになる本も少なくない。最近では健康な脳を維持したり、認知症を予防したりする食品や食品成分に関心が集まっている。

木章では、まず脳のエネルギー源や脳の構成成分として脂質が重要であること、ついで脳の神経細胞の活動を活発にして、神経細胞の新生や可塑性を促進するその他の栄養素や食品について説明する。

1　脳のエネルギーについて

私たちの脳組織の重量は一四〇〇g前後であり、全体重の二〜三%を占めるすぎない。しかし、私たちが消費する総エネルギーの約二〇%を脳が使っている。脳の神経細胞の維持や活動に必要なエネルギー源は主にグルコースであるが、そのほかに乳酸やケトン体も用いられる。グルコースはブドウ糖ともいわれ、果実やハチミツ、砂糖などに含まれており、それらの食品から直接摂取できるが、多くは、穀類（白米、パン、麺類、コーンフレーク、パン粉など）、いも類（じゃがいも、さつまいも、れんこん、かぼちゃ、にんじんなど）に含まれている炭水化物が体内で分解され、つくられる。

炭水化物は糖質と食物繊維からなり、このうち糖質が単糖類に分解されて体内に吸収され

図２－１　神経細胞

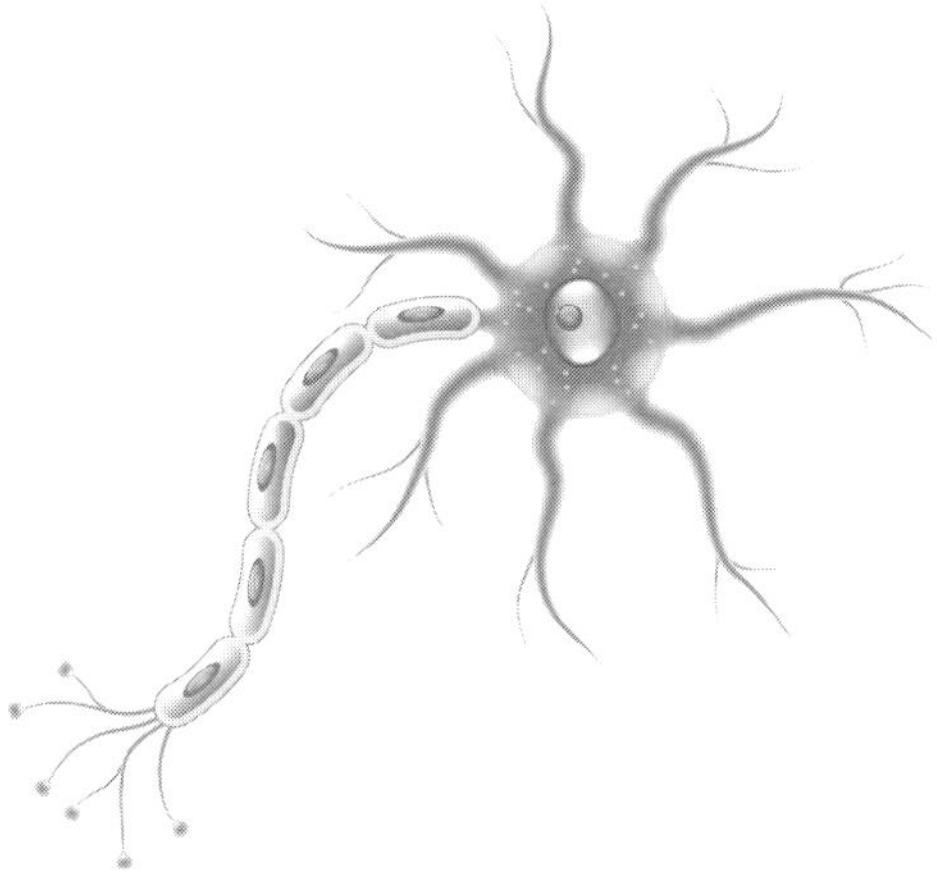

る。そして、その後の代謝によりグルコースに分解され、エネルギーとして利用される。

2　脳の構成成分として重要な脂質

脳の神経細胞（図２－１）は、軸索や樹状突起などの凹凸の多い入り組んだ構造を有しているため、膜成分が極端に多くなっている。膜の構成成分に脂質が多く、脳から水分を取り除いた乾燥重量の六割を占めている。したがって、脂質が不足すると、神経細胞膜の形成がうまくいかず、ドパミンやセロトニンなどの神経伝達物質のシナプス伝達機能が低下する結果、脳機能が低下する。このように脂質は、脳の神経細胞の成長と機能維持のために大切な役割を果たしている。

脳の脂質はコレステロール、リン脂質、ドコサヘキサエン酸（ω《オメガ》-3系）などからなり、これらのうちコレステロールは、神経細胞膜の主要な構成成分として、神経組織に多く含まれている。身体に必要なコレステロールの大部分は、主に肝臓や小腸で糖質や脂肪酸の代謝によってつくられている。しかし、一部は肉や魚、魚卵、卵、卵を使った菓子類などの食品から直接摂取される。コレステロールは、食事からの摂取量が多い場合には、体内での合成量は減る。反対に少ない場合には、体内での合成量が多くなるように調節されている。

脳においては、神経細胞でコレステロールが合成され、このとき脳由来神経栄養因子（ＢＤＮＦ）と呼ばれる脳の成長因子が、合成の促進に大きな役割を担っている。そして神経細胞におけるコレステロールは、私たちの記憶や学習にとって重要なシナプス機能の発達に密接に関係しているのである。

3　神経新生や可塑性を促進する栄養素

神経細胞のもとになる神経幹細胞（他の脳細胞にもなる）から分化して、新しく神経が生まれることを神経新生という。神経新生と可塑性を促進する物質で食品から得られるものとしてビタミン類、ω-3脂肪酸、ポリフェノールなどがある。

ビタミン類

ビタミン類のなかでは、葉酸、ビタミンB_{12}、ビタミンEが脳との関係で注目されている。

葉酸はその名のとおり、葉野菜に多く含まれる栄養素で、ほうれん草から発見されたビタミンB群の一種である。ブロッコリー、菜の花、パセリ、芽キャベツ、枝豆、モロヘイヤ、切干しだいこんなどに豊富に含まれている。葉酸は細胞に必要な核酸（DNA、RNA）の合成にかかわっており、赤血球や神経細胞の生成、そのほかにもいろいろと重要な働きをしている。

葉酸は、ビタミンB_6やB_{12}と相まって成人の神経細胞の新生に役立っている。葉酸の摂取量が不足すると、記憶や学習に重要な海馬の神経伝達物質濃度の低下や神経新生の低下につながり、記憶力や認知機能の低下を招く。

ビタミンB_{12}は、シジミ、アサリ、ホタテ、カキ、スジコ、牛レバー、鶏レバーなどに豊富に含まれている。B_{12}は葉酸とともに赤血球の生成に重要であるが、神経伝達物質の生成、神経細胞の再生や修復、神経新生に重要な働きをしている。したがって、これが欠乏すると脳機能が低下し、認知機能の低下をきたす。

ビタミンEは、アーモンドなどのナッツ類、西洋かぼちゃ、アボカドなどや植物油に豊富に含まれている。そのほかには、ウナギ、タラコをはじめとした魚介類にも多く含まれている。ビタミンEのおもな作用として抗酸化作用、抗炎症作用がよく知られている。さらに動物実験で、脳の海馬の神経保護作用や神経新生を促すことも明らかにされている。人においては認知症の予防効果や、治療効果について研究されているが、現時点で結論は出ていない(1)。

ω-3脂肪酸など

ω-3脂肪酸(またはn-3脂肪酸)とは、エイコサペンタエン酸(EPA)やドコサヘキサエン酸(DHA)、α-リノレン酸などの脂肪酸の総称で、不飽和脂肪酸の一つに分類される。EPAやDHAは、サケ、ニシン、サバ、イワシ、マグロ、タラ、ナンキョクオキアミ、魚油食品、肝油などの魚介類に多く含まれている。エゴマや亜麻種子などの植物油には体内でEPAやDHAになるα-リノレン酸が豊富に含まれている。

ω-3脂肪酸は、神経細胞の軸索や樹状突起などの凹凸の多い入り組んだ構造の膜成分の維持に必須である。さらに成人の脳の海馬の神経新生や可塑性を促進して、高齢者の認知機能の低下を防ぎ、認知症の予防にもつながるといわれている。さらにω-3脂肪酸はうつ気分や不安に有効で、うつ病や不安障害の予防や治療の補助として有用であると報告されている(2)。

ポリフェノール

ポリフェノールといえば、赤ワインを思い浮かべるかもしれないが、お茶に含まれる「カテキン」やそばの「ルチン」、大豆の「イソフラボン」などもポリフェノールの一種である。ポリフェノールは、ほとんどの植物に存在する苦味や色素の成分で、植物が光合成するさいにつくられ、自然界に五〇〇〇種類以上あるといわれている。その代表的なものを表2-1に示した。

ポリフェノールは植物の細胞の生成、活性化、分裂を助け、有害物を無毒化するなどの働きがある。抗酸化作用をもち、人間が摂取すると活性酸素などの有害物質を無害化する作用、血糖値や血圧値を正常化したりするので、生活習慣病の予防に役立つ。そのほかに抗炎症作用もある（表2-2）。

最近注目されているのが、カレー料理に多く含まれているクルクミン、緑茶や大豆に多く含まれているフラボノイドなどのポリフェノールである、これらの摂取が多いと、高齢者の認知機能の低下を防いだり、さらにはその改善をもたらす可能性のあることが知られている。動物実験では、神経細胞の保護作用や神経細胞のプロセスやシナプス可塑性に働きかけて、海馬の神経新生を促進し、記憶力を高め、認知機能の改善につながることが示されている。

アントシアニンを多く含むブルーベリーは、動物実験で海馬の歯状回*の前駆細胞**を増殖させたりする結果、空間記憶が高まり、認知機能が改善することが明らかにされている。またピーナツやブドウに多く含まれるレスベラトロールは、海馬の神経新生を促進して、記憶力を改善

表2-1　代表的なポリフェノールと食品

アントシアニン	赤ワイン、なす、黒豆、小豆、ブルーベリー
カテキン	茶
ルチン	そば
イソフラボン	大豆
クロロゲン酸	コーヒー豆、ごぼう
カカオマスポリフェノール	チョコレート
クルクミン	カレー

表2-2　ポリフェノールの作用

1. 活性酸素の除去	がんの予防など
2. 抗酸化作用	動脈硬化の予防など
3. 血糖値や血圧値を正常化	糖尿病・高血圧の予防 カテキン、ルチン、プロアントシアニジン
4. 殺菌作用	感染の予防 カテキン、タンニンなど
5. 神経保護作用	認知機能の改善 クルクミン

することが報告されている(3)(4)。

このように、ポリフェノールは、海馬の神経新生やシナプス可塑性を高めて、認知機能の改善をもたらすようである。

＊海馬歯状回は、海馬の入口に位置し、海馬にやってくる電気信号を最初に受け取る。この部分の神経細胞の新生が活発であることで注目されている。

＊＊前駆細胞とは、最終細胞への分化可能性をもつ細胞のこと。

第3章　眠りが記憶力を高める

――ぐっすり眠ると記憶力が増す

私たちは人生の約三分の一を睡眠に費やしている。夜間の睡眠中は、体の動きが止まり、意識も失われている。外的刺激に対する反応が低下しているが、適切な刺激により簡単に目覚めることができる。睡眠は身体に休息を与え、身体の疲労回復や免疫力を高める。成長期にあっては成長ホルモンの分泌を高めて成長を促し、成人では組織の損傷を回復させる。さらに睡眠は心理的ストレスに耐える力を強化し、心の健康を維持するために必要である。一方、慢性的な睡眠不足は身体疾患や精神疾患を誘発する。

ここ数十年の研究により、睡眠は学習や記憶力の向上にかかわっており、私たちの脳が環境に適応して持続的に変化していくために、きわめて重要であることが明らかにされている。これには睡眠が、学習や記憶力を高めるために、記憶に関係する脳領域のシナプス可塑性を支えていることと、もう一つは脳の全体的なシナプス恒常性の維持にかかわっていることによる。

ここでは、まず記憶のしくみについて、次に睡眠が記憶力を高める脳内のしくみについて、最後に睡眠不足の脳への悪影響について説明する。

1 記憶について

記憶には、短期記憶と長期記憶がある。短期記憶は、数十秒から数十分という短時間保持される記憶のことで、情報量は少ない。短期記憶は、視覚や聴覚などの感覚器官から情報が送られてきて脳の海馬で一時的に整理整頓される。そして、海馬から同じ情報が反復して大脳皮質に送られる。反復して情報が送られることで、大脳皮質神経細胞の樹状突起のスパイン（棘）が大きくなり、シナプス接合が強化され、長期記憶として保たれることになる。つまり新しい記憶は海馬に、古い記憶は大脳皮質の神経細胞のシナプス接合した神経回路にある。

新しい情報や知識を獲得し記憶に残すためには、まず繰り返し学習することが必要である。同じ情報を何度も感覚器官に入力することを通じて、大脳皮質の神経細胞の樹状突起のスパインが成長し、シナプス接合が強化されるからである（図3-1）。

一方、スポーツの技量や職人技などのからだで覚える必要のあるテクニックは、最初は熟練

図３−１　記憶にかかわる脳部位

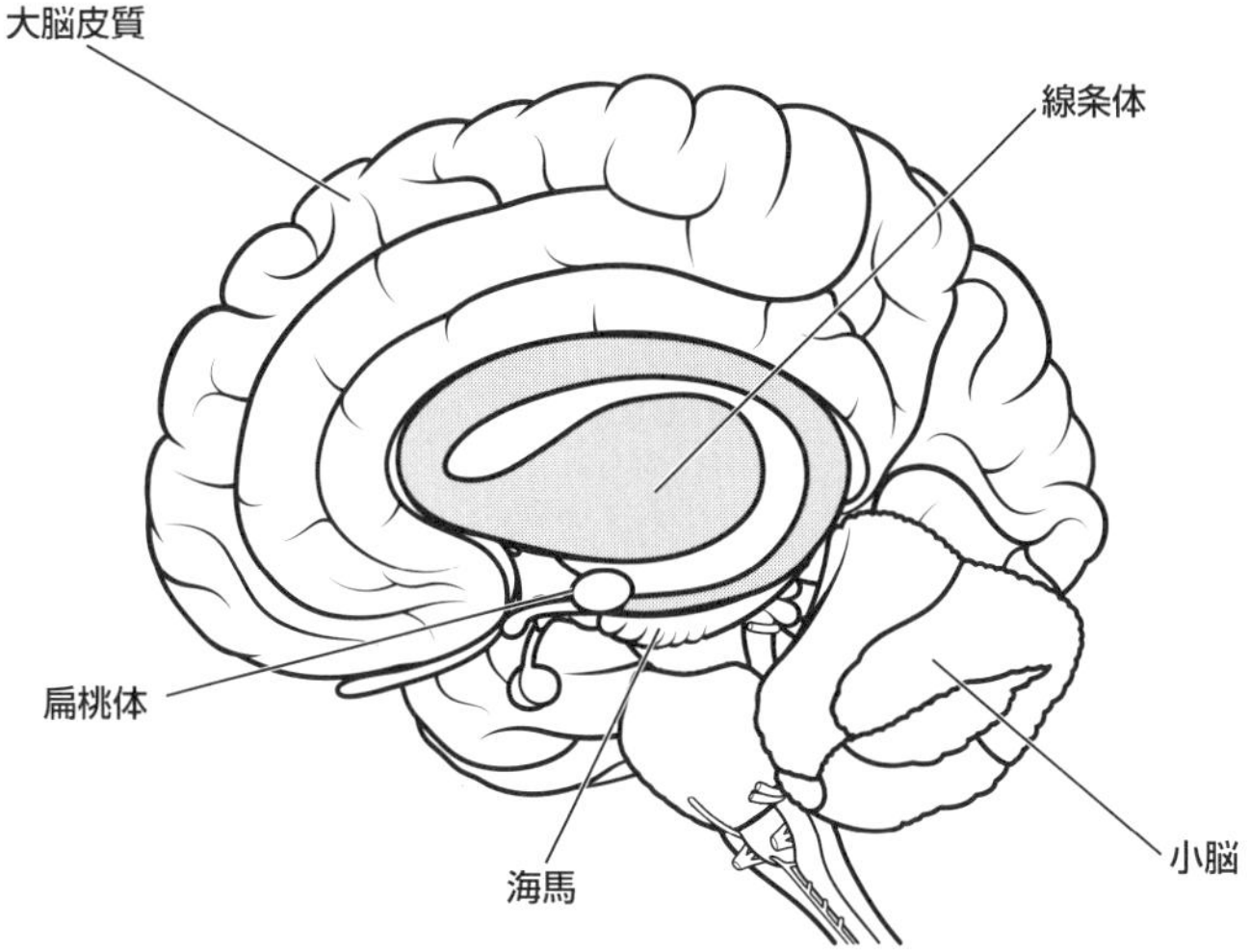

（以下、脳の解剖図はすべて左側が顔の正面）

者の手や足の動きをまねたり、コーチについてもらいながら、意識して同じからだの動きを何度も反復練習し、からだに（といっても、それは神経回路を通して記憶するということなのだが）記憶させる必要がある。そして、その動きを意識しなくても行えるようになるまで何度も何度も練習を繰り返さねばならない。

　身体の動きを司っているのは小脳であるが、動きを習慣化し、無意識で行えるようになるには、大脳基底核の線条体（図３−１）が重要な役割を果たす。からだが覚えるようになる前に、最初に大脳皮質と線条体の神経回路が活発になる。その後、繰り返しの練習の結果、熟練してくると、線条体と小脳の神経回路が活発になり、意識しなくても自動的にからだが動くようになる。

ところで、不安や恐怖など強い情動をともなう出来事に関する記憶は情動記憶と呼ばれ、情動をともなわない出来事よりも記憶されやすいことが知られている。情動記憶は、感情の形成に深くかかわっている扁桃体と海馬の神経回路が活発になることによって形成される。しかしときに、情動がともなう出来事の記憶が強く脳のなかに刻まれることで、つらかった体験や怖かった出来事がトラウマとなって、仕事や生活に支障をおよぼすことがあるのでやっかいである。

2 睡眠による記憶の強化

では、睡眠と記憶はどのように関係しているのであろうか。睡眠と記憶の関係は、じつは古くより知られていた。記憶の実験研究の先駆者として知られているドイツの心理学者ヘルマン・エビングハウスは、一八八五年に時間の経過と記憶との関係を示す「忘却曲線」(図3-2)を発表した。

忘却曲線は単なる仮説ではなく、新しく覚えた記憶が時間の経過とともにどの程度忘れ去られていくかを実験的に示したものであった。エビングハウスは、このときすでに睡眠には忘却

図3-2　エビングハウスの忘却曲線

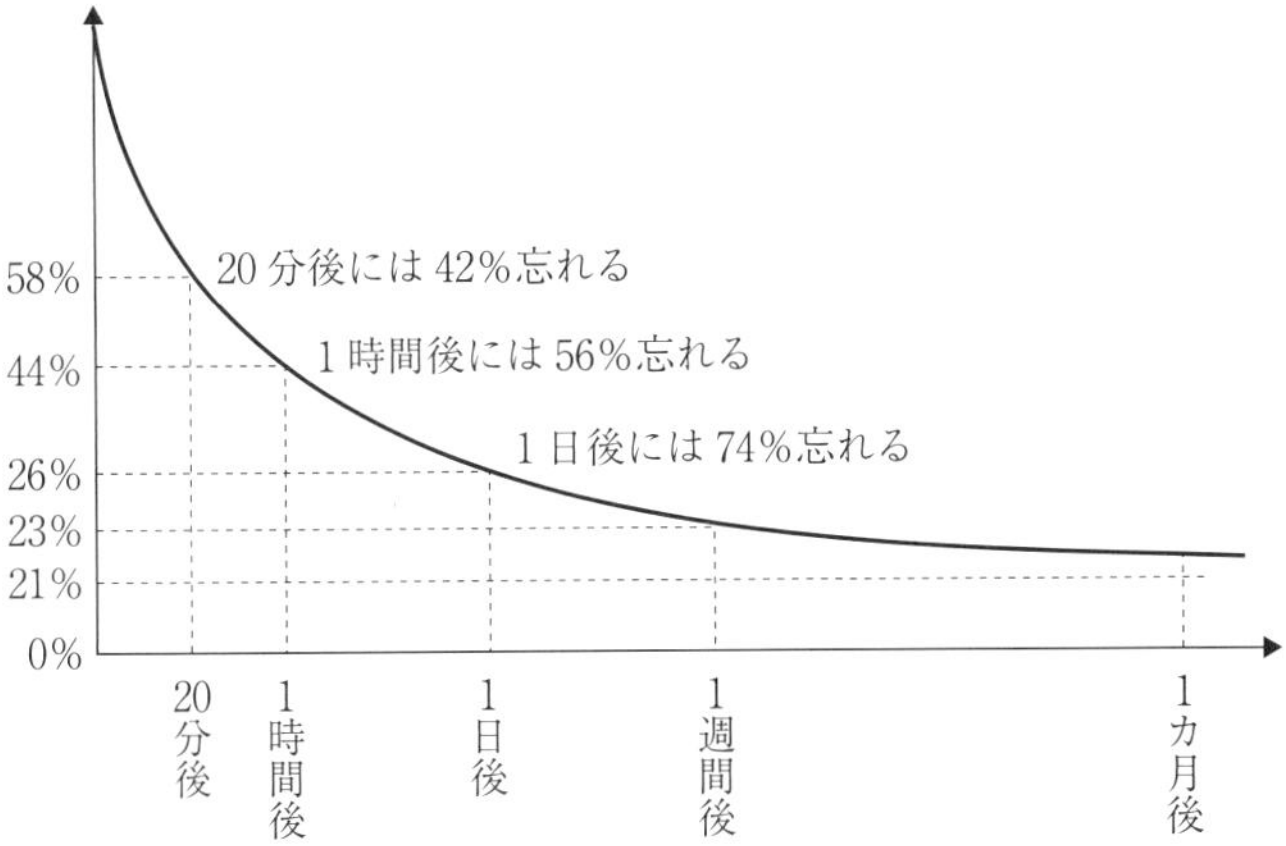

を減らす働きがあるに気づいていたといわれる。

その後、一九一四年にドイツの心理学者ローザ・ハイネは、アルファベットを組み合わせた無意味なつづりの単語や、それらの対語を被験者に覚えさせ、どの程度覚えているかを調べる実験を行った。そして、睡眠をとった人と眠らずに覚醒していた人との間の違いを比べた。その結果、睡眠をとった人のほうがよく多くの単語を覚えていたことを実験的に示したのである。[1] このことから、記憶には睡眠が重要であることがわかった。

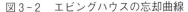

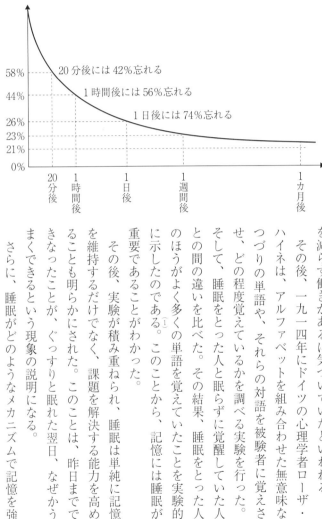

その後、実験が積み重ねられ、睡眠は単純に記憶を維持するだけでなく、課題を解決する能力を高めることも明らかにされた。このことは、昨日まででき なったことが、ぐっすりと眠れた翌日、なぜかうまくできるという現象の説明になる。

さらに、睡眠がどのようなメカニズムで記憶を強

図3-3　睡眠のレベル

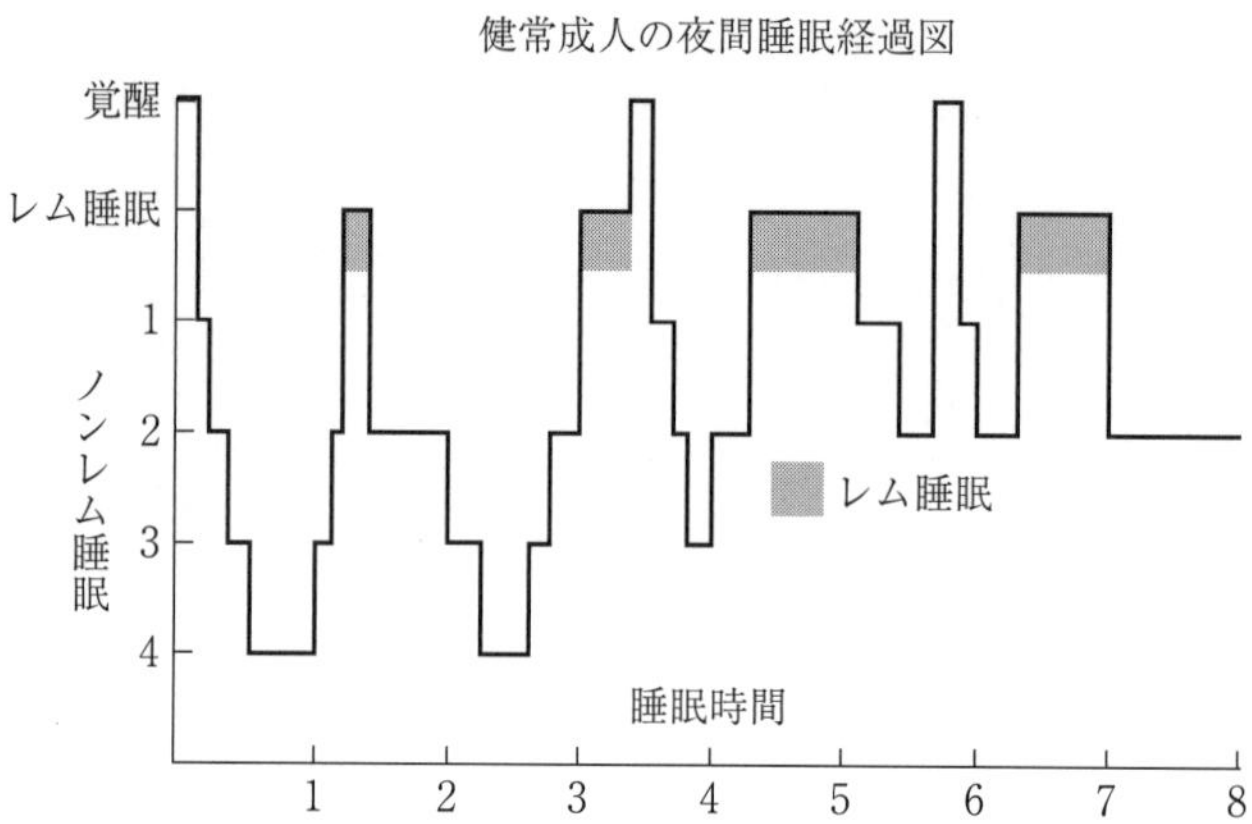

『家庭医学館』より

化するかについて研究がなされた。睡眠には急速な眼球運動をともなうレム睡眠と、これをともなわないノンレム睡眠がある[*]（図3-3）。レム睡眠中においては、身体の骨格筋は休息状態にあるものの、大脳皮質は覚醒時と同じように活動している。このときのエネルギー消費率は覚醒時とほぼ同じくらいである。夢をみるのは、このレム睡眠中で、眼球だけが急速に動いている。そして、このときに覚醒した場合、夢の内容を覚えていることが多い。一方、ノンレム睡眠は急速な眼球運動をともなわない。ノンレム睡眠はステージⅠからステージⅣまでの四段階に分けられ、ステージⅣが最も深い睡眠レベルである。

　ノンレム睡眠は、脳が眠っている状態といわれている。そしてステージⅢやⅣは、ぐっすり寝ている状態で、多少の物音や、軽くゆさぶられたくらいでは目を覚ますことはない。脳波をみると、この睡眠段階では徐波を示すことから徐波睡眠ともいう。このとき強制的に覚醒させると、大脳が活動を開始するまでにはしばらく時間が必要で、すぐに活動を開始することができない。いわゆる寝惚けた状態がこの状態である。

私たちの脳は、目覚めているときに経験したことや学習したことを、海馬に短期記憶として一時的に保持する。このとき海馬の神経細胞間のシナプスの構造や機能が変化して、伝達効率が長期的に上昇する「長期増強」という効果が生じ、神経新生もみられる。そして睡眠によって外界からの情報の入力が切断されて、ノンレム睡眠中に海馬から大脳皮質への入力が連続的に行われ、神経細胞の樹状突起のスパインが大きくなり、シナプス接合が増強される。そして覚醒時に入力した特定の記憶が長期記憶として蓄えられる。

一方、シナプス接合が増強されなかった部分の樹状突起のスパインは小さくなり、シナプス結合は消滅していき、記憶が定着しない。

このように、睡眠中に記憶として定着する神経回路は増強される一方で、消滅していく部分のほうが多く、時間の経過にともなって記憶量全体は減少する。その結果、全体的なシナプス結合の恒常性が維持される。これがシナプス恒常性仮説といわれるものであるが、いまだ不明な点も多い[2]。

このように、睡眠は記憶の形成と記憶の固定に、密接に関連している。私たちの記憶能力の効率をアップさせるには質の高い十分な睡眠をとる必要がある。最適な睡眠時間には個人差がみられるが、だいたい七時間前後とされている。

3　睡眠不足がもたらす悪影響

最後に、睡眠不足が脳におよぼす悪影響についてみる。リスやネズミなどの齧歯類を用いた研究では、睡眠不足は海馬のシナプス接合強度の長期増強を減弱させることが示されている。さらに長期増強が誘導されていても、睡眠不足によって増強はよりはやく弱まり、衰退する。さらに睡眠不足は海馬の可塑性に関連するタンパク合成を減少させ、神経新生を損なうようだ。[3]

人間においては、一晩の睡眠不足で、海馬で記憶として覚える過程（記憶の符号化**）の活動性を損なう。総睡眠時間は変えず、音によって睡眠中のノンレム睡眠を選択的に妨害すると、海馬での記憶の符号化とこれに関連した学習が低下すること、逆に経頭蓋磁気刺激法***でノンレム睡眠を強化すると、睡眠後の海馬の学習力を増強されることが知られている。

このように、慢性の睡眠不足は、学習や記憶と関係する海馬のシナプス結合に悪影響を与え、海馬と大脳皮質の神経回路に構造的および機能的変化を生じさせるようである。

＊レム睡眠とノンレム睡眠：人の睡眠は、脳波と眼球運動のパターンで分類でき、ノンレム（NREM、急速眼球運動をともなわない）睡眠とレム（REM、急速眼球運動をともなう）睡眠で構成されている。ノンレム睡眠は、浅い睡眠（アルファ波が減少）から深い睡眠（徐波）まで四段階に分けられ、脳が休息している状態と考えられている。レム睡眠は、脳波的にはシータ波が多くなり、覚醒時と同様の振幅を示し、脳が活発に活動している状態である。通常成人の睡眠では、浅い睡眠から深い睡眠へと続くノンレム睡眠から、浅い睡眠に戻っていきレム睡眠に移行する。この一周期約九〇分間のサイクルを一晩で四〜五回繰り返す。

＊＊記憶の符号化とは、脳が情報を取り込み、記憶として保持するまでの「覚える」過程を指す。「記名」とも呼ばれる。

＊＊＊経頭蓋磁気刺激法とは、8の字型のコイルを頭部にかざし、電磁石で生み出される急激な磁場の変化によって弱い電流を脳組織内に誘発し、それによって脳内ニューロンを興奮させることで、神経回路の活動性を変化させる非侵襲的な方法である。この方法を繰り返し行うことで、脳に長期的な影響を与え、神経や精神の症状を改善する治療法が反復性経頭蓋磁気刺激法である。近年その有効性が認められ、注目されている。

第4章 運動・スポーツが脳を変える

――身体を動かす習慣を身につけると記憶力や注意力が増す

私たちは健康のため、身体を鍛えるため、楽しみのため、といった目的でウォーキングやジョギング、ダンス、水泳、テニスやゴルフなどの運動・スポーツをしている。運動・スポーツは体力、筋力の維持および向上、心肺機能の向上、肥満、高血圧や糖尿病などの生活習慣病の予防、免疫力の強化など、身体の健康を維持、増進するだけでなく、脳にも良い影響をおよぼすことが知られている。

また運動・スポーツを楽しむ程度に長期間続けるだけで、成人や初老期においても、記憶に重要な役割を担う脳の海馬の神経が新生され、学習能力や記憶力を高めて認知機能の向上につながることが期待されている。そればかりか、うつ病などの精神疾患の予防および治療にも効果があるといわれるようになっている。さらに老年期においても、運動・スポーツによる良い刺激が神経細胞の可塑性をうながし、脳が構造的、機能的に変化することによって、認知機能の低下を防ぎ、認知症の予防につながる可能性が示唆されている。

運動・スポーツは、有酸素運動と無酸素運動に分けられる。有酸素運動は、動きが緩徐で筋肉に対する負荷が少なく、持続性のある運動である。有酸素運動は、体内に酸素を多く取り入れ、その酸素で体内の脂肪を燃焼させる。ウォーキング、ジョギング、エアロビクス、ゆっくりした水泳などが有酸素運動の代表格である。無酸素運動は、短時間に強い筋力が必要となる運動で、筋肉に貯めておいたグリコーゲン（糖質）がエネルギーのおもな原料として使われる。無酸素運動には瞬発力を求められる短距離走や筋力トレーニングなどがある。

有酸素運動の脳におよぼす影響については、多くの研究がある。以下で、その一部を紹介する。

1　ウォーキングなど

一九七八年にはすでに、六〇〜七〇歳の高齢者でも一週間に四回、少なくとも約五㎞のランニングを継続している

図４－１　記憶や空間学習能力に関係する海馬と前頭前皮質

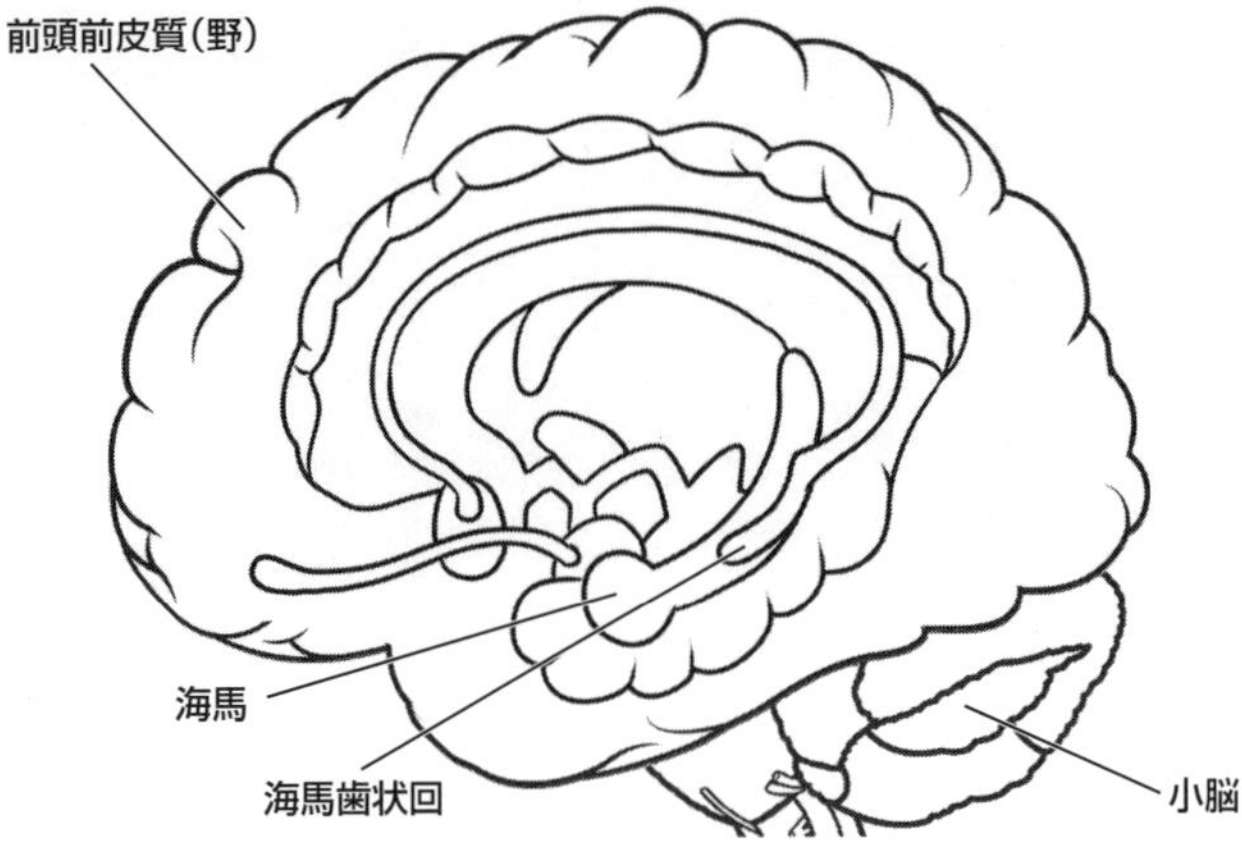

と、脳の健康が維持されて、加齢による認知機能の低下を遅らせることが報告されていた[1]。この報告に刺激されて、その後、運動・スポーツが脳におよぼす影響について、多くの研究がなされるようになった。

高齢者が、ウォーキング、ジョギングなどの有酸素運動を六カ月間行うと前頭皮質と海馬の脳血流が増加して酸素供給量が増え、言語能力や「目的のものを探す、目的地へ向かうなど」の空間記憶力の低下を軽減する。一方、軽い運動のヨガを八週間続けると、物事を行うときに使う作業記憶や作業切り替え能力を改善する。また、ルームランナーやウォーキング・マシンを使って、中程度の強さのウォーキングを週二回三〇分間行い、これを六カ月間続けたところ、中等度の認知症患者の認知機能の改善が認められた。こうした認知機能の改善には、運動によって海馬の歯状回の神経新生がうながされて、空間学習能力や記憶力が改善されることが関係していると考えられる（図4-1）。こうしたことから、高齢者の認知機能を改善するために、週二～三回、三〇～四五分の軽い運動を続けることが推奨される[2]。

2　ダンスなど

ダンスの脳への影響についても、多くの研究がなされている。ダンスは、音楽やリズムに合わせて身体を動かす。それによって、自己を表現し、身体的コミュニケーションをはかる。ダンスでは、聴覚・視覚と複雑な身体運動を統合しなければならず、認知や運動に関係する多くの脳領域を使う。

ドイツのキャスリン・レーフェルドら[3]は、六三～八〇歳の高齢者に一回九〇分間のダンス練習を週二回、六カ月間継続してもらい、これにより脳がどのように変化するかについて調べた。比較の対照として、通常のフィットネスをダンス練習と同じ頻度と時間、同じ期間行った。すると、フィットネスやダンス練習を行った人たち

図4－2　ダンスと関係する脳領域

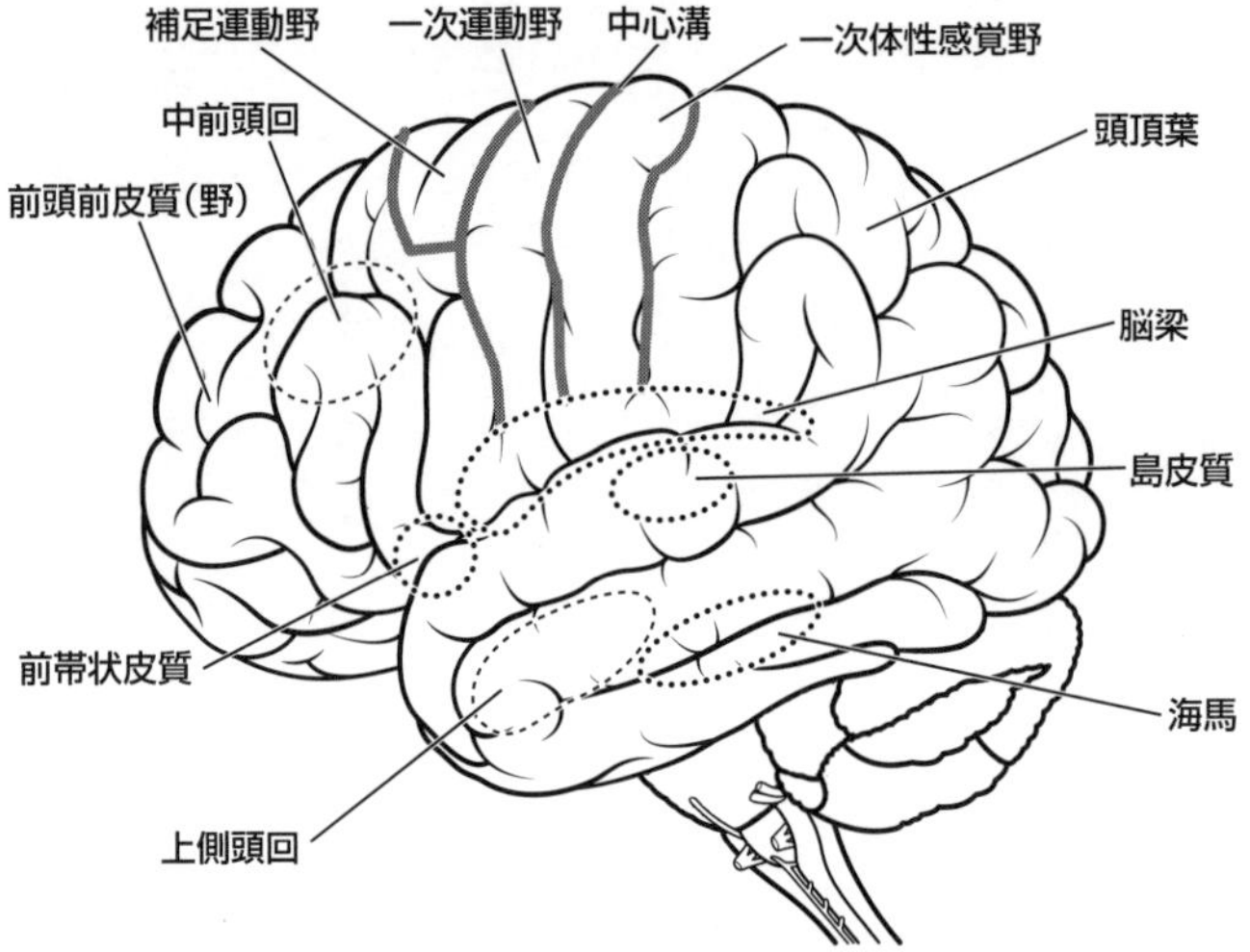

は、どちらも前頭葉（左側の一次運動野、中前頭回、補足運動野）、左側の側頭葉の上側頭回、左側の頭頂葉の一次体性感覚野、左島皮質、前帯状皮質といった広範な脳領域の灰《かい》白質《はくしつ》*体積が増加していた（図4－2）。灰白質体積の増加は、主に樹状突起の枝張りの増加によるもので、この部位の機能が強化されていることを意味している。そして、増加の度合いはダンス練習を行った人たちのほうが高かった。構造的変化は灰白質に限定されず、左右の大半球をつなぐ脳梁の白質《はくしつ》**体積も増加していた。その後、ダンスの訓練を週一回に減らし、さらに一二カ月間継続したところ、左海馬の歯状回と鉤《こう》状回***の灰白質体積が増加していた。

その後も、ダンス練習の脳におよぼす影響

について、多くの研究結果を吟味した報告[4]が発表されている。その報告では、ダンスの練習は、脳の海馬灰白質体積、左一次運動野と海馬傍回の灰白質体積、および脳梁の白質体積の増加などをもたらし、記憶力、注意力、バランス、心理社会面の大幅な改善などをもたらすとされている。

以上まとめると、ウォーキング、ジョギング、ダンス、フィットネスなどの運動・スポーツが、記憶力や注意力、認知機能に関係する広範囲な脳領域の構造的、機能的変化を生じさせ、その能力を増強させることが明らかにされている。

---

*灰白質とは、中枢神経系の神経組織のうち、神経細胞の細胞体が集まっている部位で、細胞体から樹木の枝のように分岐した樹状突起が出ている。脳組織の断面を肉眼的に観察したとき、灰色がかってみえる。

**白質とは神経細胞体がなく、主に神経線維が集まって走行している部位で、脳組織の断面を肉眼的に観察したとき、明るく光るような白色にみえる。

***海馬鉤状回は、海馬鉤、鉤回とも呼ばれる。海馬周囲の灰白質、海馬傍回の前端にあり、鉤状に折れ曲がった形をしている。大脳両半球に一つずつある。嗅覚情報処理に関係しているといわれる。

第Ⅱ部

トレーニングで脳を変える

イントロダクション

尺八は、わが国の伝統的な木管楽器である。この尺八を良い音色で鳴らすための諺に「首振り三年ころ八年」がある。これは尺八を吹くのに、首を振って音の加減ができるようになるのに三年、さらに細かい指の動きによって「ころころ」という美しい音が出るようになるには八年かかることを意味している。また江戸時代の剣豪、宮本武蔵は『五輪の書』のなかで、「千日の稽古を鍛とし、万日の稽古を錬とす」という名言を残している。これは剣術の達人になるために、反復訓練を長期にわたり繰り返すことの必要性を説いたものである。このように古くから、技を磨いて上達して名人の域に達するには、毎日の訓練を長期間にわたり継続する必要性について説かれている。

それではスポーツ、楽器、さまざまな技能を獲得して、プロ級まで上達するにはどれくらい訓練すればよいのであろうか。一九九三年に米国のアンダース・エリクソン[1]博士は、スポーツ、楽器演奏、芸術、チェスなど、身体的または精神的な訓練を一日四時間一〇年間続けると、その道の専門家になるという「一万時間の法則」を提唱した。

この法則は、世界トップレベルの音楽学校でバイオリンを学ぶ学生たちを対象に、学生たちの能力差が何によって生じるかについて研究した結果から導きだされた。エリクソンは、生徒たちが学校に入るまでの訓練時間と訓練方法を詳細に調査した。そして、学生たちのバイオリン演奏能力の高さは、訓練の合計時間と関係していることを見いだした。演奏能力の高い人たちほど、他の人たちよりも長時間の訓練を積んでいた。これらの結果から「一万時間の法則」を導きだして、一般化した。その後、この仮説が世界に広まっていき、定説となっていった。

しかし、今ではこの法則は批判されるようになっている。長時間のだらだらした訓練よりも、集中して行う精度の高い訓練をいかに継続していくかが重要視されるようになったからである。集中度の高い訓練を積み重ねると、修得すべき技能にかかわる脳領域が可塑性によって機能的、構造的に変化して、意識せずとも自動的に、この技能が使えるようになるという。

そこで第Ⅱ部では、さまざまな技能で達人や名人と云われるレベルまでに到達した人たち——トップアスリート、プロの音楽家、母国語に加えて他の言語も一つ以上自由自在に使えるバイリンガルの人たちの脳の機能と構造の変化について、最近の研究でわかってきたことを紹介する。

第5章　達人や名人の脳
——高みを目指す人の脳に起こる変化

世界には、さまざまな分野で驚異的な技能を発揮する人たちがいる。そのなかでも、とく技量の秀でた人々のことを、私たちは、達人とか名人と呼んでいる。達人とは、技術や芸能などの分野において、高みを目指し、極限まで技を洗練させた人を指す言葉である。一方、名人は、その道をきわめた人という意味で、達人と同じような意味であるが、囲碁や将棋のタイトルの一つとして用いられている。

これまで、ジャグリング芸において短期間集中の訓練によって上達した人々の脳を調べ、脳に可塑性による変化を観察した報告がいくつか示されている。そこで本章では、まずジャグリングにおける脳の変化について紹介する。ついで長期間の訓練によって技術を習得した速記術の達人の脳の変化をみる。さらに、タクシーの免許のなかで、その取得が世界一むずかしいとされているロンドンのタクシードライバーの脳の変化をみる。最後に、プロ棋士にみられる脳の変化について紹介する。

1　ジャグリング

複数の物を空中に投げたり取ったりを繰り返し、常に一つ以上の物が宙に浮いている状態を維持し続ける技術がジャグリングである。もともと大道芸や見せ物として行われてきたが、近年はスポーツとしてジャグリングを楽しむ人も増えて、競技会も開催されている。ジャグリングは正確に腕や手を動かす、動きの速い物体をつかむ、視野の周辺部で物の動きを追うといった行為からなり、多くの脳領域の活動が必要である。

そこで、ジャグリングの訓練で、脳が可塑性によってどのように変化するかについて調べたのが、ボグダン・ドラガンスキーらの研究であった。[1] 実験を受けた人は二四名で、女性二一名、男性三名であった。彼らの平均年齢は二二歳で、全員がジャグリング未経験であった。彼らは、ジャグリングの訓練を受けるグループと受けないグループに分けられた。訓練を受けるグループは、三つのボールを空中に投げるトスジャグリングをできるようになるまで三カ月間訓練を行い、訓練開始前の時期、一分間続けてジャグリングができるようになった時期、その後訓練を止めて三カ月経ちジャグリンがうまく行えなくなった時期の計三回、磁気共鳴画像（ＭＲＩ）を使って、脳の形態学的変化について調べられた。

その結果、予想したとおり、ジャグリングの訓練を始める時期は、ジャグリングの訓練を行わないグループと比較して何ら差異を認めなかったが、ジャグリングを一分間継続して行えるようになった時期には、訓練を始める前と比べて両側の中側頭領域と左後部の頭頂間溝の灰白質が拡大していた。

中側頭領域は、運動や物体の位置の知覚、眼や腕の制御、眼球運動において重要な役割を担っており、頭頂間溝は感覚と運動の協調や視覚的注意において重要な役割を担っている。これらの脳領域は動いている物体の知覚とその運動の軌跡を予測して、手でつかみ、タイミングよく放り投げるジャグリングの一連の運動と関係している。したがって、これらの脳部位の灰白質の拡大は、ジャグリングの一連の運動を繰り返すことで神経細胞体から出ている樹状突起が可塑性によって増加することで、機能が向上することを示している。しかし、三カ月間訓練を止めてジャグリングをうまく行えなくなった時期には、拡大していた脳領域が元の状態へと縮

小してしまったのである。

さらに、もっと短い訓練期間（七日間）でも、可塑性によって、中側頭領域や頭頂間溝の拡大が観察された。そして、このような変化は若い人だけでなく、六〇歳の人でも生じることが観察されている。

その後、このような変化は灰白質だけでなく、神経線維からなる白質においても生じることも観察されている。この研究は[2]、ジャグリング経験のない一八～三三歳の成人男女四八名を、ジャグリングの訓練を行う二四名と、訓練を行わない二四名の二グループに分けた。そしてジャグリング訓練前の時期、訓練六週間後、訓練を終えた四週間後に、MRIを施行し、白質の神経線維の走行性をみる拡散テンソル画像（DTI）で、調べられた。

その結果、訓練した人たちの脳では、感覚と運動の協調（眼球運動や到達運動の方向制御）や視覚的注意に重要な役割を担っている右後部の頭頂間溝の白質が拡大おり、この部位の軸索においても可塑性によって変化して、機能が強化されることが示された。

一方では、長年ジャグリングを継続して行っている熟練者と、年齢と性を一致させたジャグリング未経験の健常者と比較した研究[3]において、熟練のジャグラーでは、両手を目標物に近づけ、それをつかんで放り投げるという一連の視覚と運動の協調性をつかさどる後頭葉と頭頂葉の灰白質が高密度になっていることが観察されている。

図5－1　ジャグリングで変化する脳部位

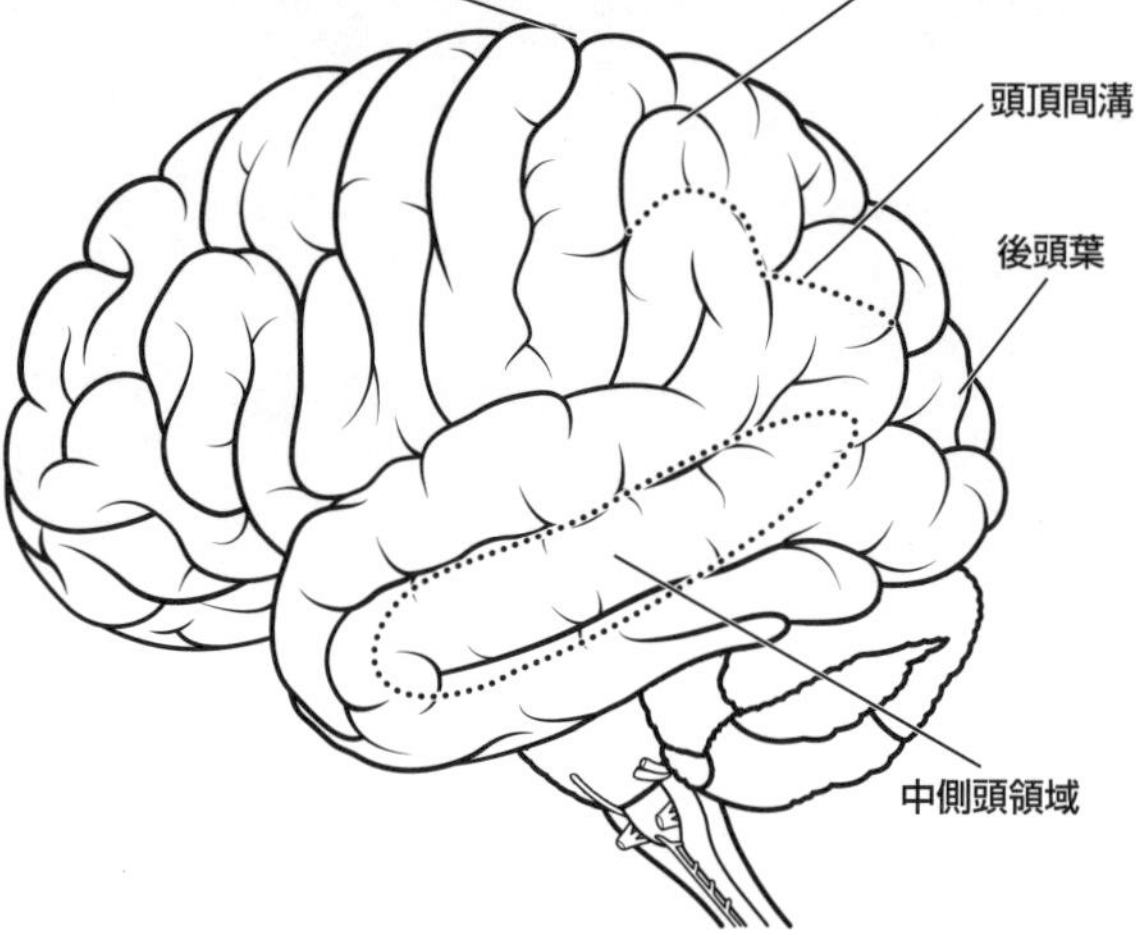

以上のことをまとめる。ジャグリングは、視覚情報・空間情報と運動の協調（眼球運動や到達運動の方向制御）をうまく統合させることで可能となる複雑な運動である。ジャグリングの短期間の訓練により、これにかかわっている中側頭領域、頭頂葉、頭頂間溝、後頭葉の灰白質が可塑性によって拡大し、機能が高まる（図5－1）。しかし訓練を止めるとすぐに元にもどり、下手になる。このような現象は六〇歳の人にまでみられるようである。

一方、長年にわたりジャグリングを継続している熟練者の場合ではどうであろうか。短期間の訓練によって脳領域の変化が起こることがわかったが、この可塑性による変化は訓練を止めるとすぐに廃れていく。しかし、長年訓練を継続してきた熟練者の場合はどうなのか。脳領域の変化は訓練を止めても固定され、維持されるのだろうか。この点については、まだ調べられていない。

興味深いのは、六〇歳の高齢者おいても、訓練の効果で、脳が可塑性によって変化し、「六〇の手習い」でもけっして遅くないということがわかったことである。

2　速記術

速記士は、話された言葉をそのままにすぐさま書き取る能力をもち、そのために特殊な速記記号（図5-2）を用いる。速記士はこの速記術を用いて、議会や法廷の発言を記録したり、出版やジャーナリズムなどの分野で専門職として働いてきた。

速記術は、青年期からほぼ生涯にわたる集中的な訓練によって獲得し、高める技術であり、聴覚、言語、認知、記憶術、手指の運動など、さまざまな脳機能が駆使される。しかし今では、音声認識技術に置き換えられており、この技術を用いなくなっている。しかしこの技術を用いる専門家は存在するので、速記術の長期にわたる集中的な訓練を通じて、可塑性によって脳がどのように変化するかについて調べられた。

伊藤岳人ら[4]は、fMRIを使って、右利きの速記士一三人の脳血流を調べた。その結果を同年齢の右利き一般人一四人の結果と比較した。速記士は男性三名と女性一〇名、平均年齢は三三・一歳で、平均すると一九・五歳から速記士として平均一四・六年間働いていた。検査で明らかになったことは、速記士は脳の中央部に位置する被殻《ひかく》を中心とする神経回路が可塑性によって変化していることであった（図5-3）。被殻後部は、後天的な感覚運動技能を実行するセンターであり、一連の動きの自動化において重要な役割を担っている。速記士の場合、脳の被殻後部を中心にして、小脳と中脳を結ぶ神経回路が活発になっていた。このように、速記術を長期にわたり実践していると、脳が可塑性によって変化して、速記に特化した神経回路網が形成されるようである。

図5-2　速記記号

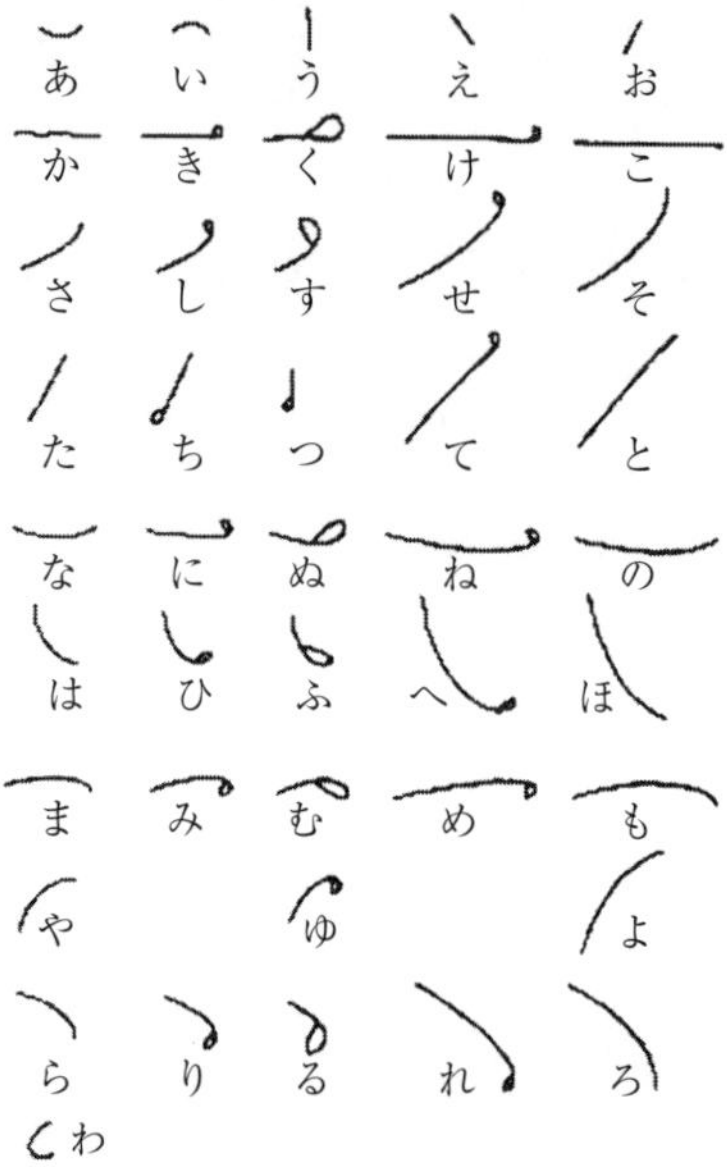

図５－３　速記で変化する脳部位

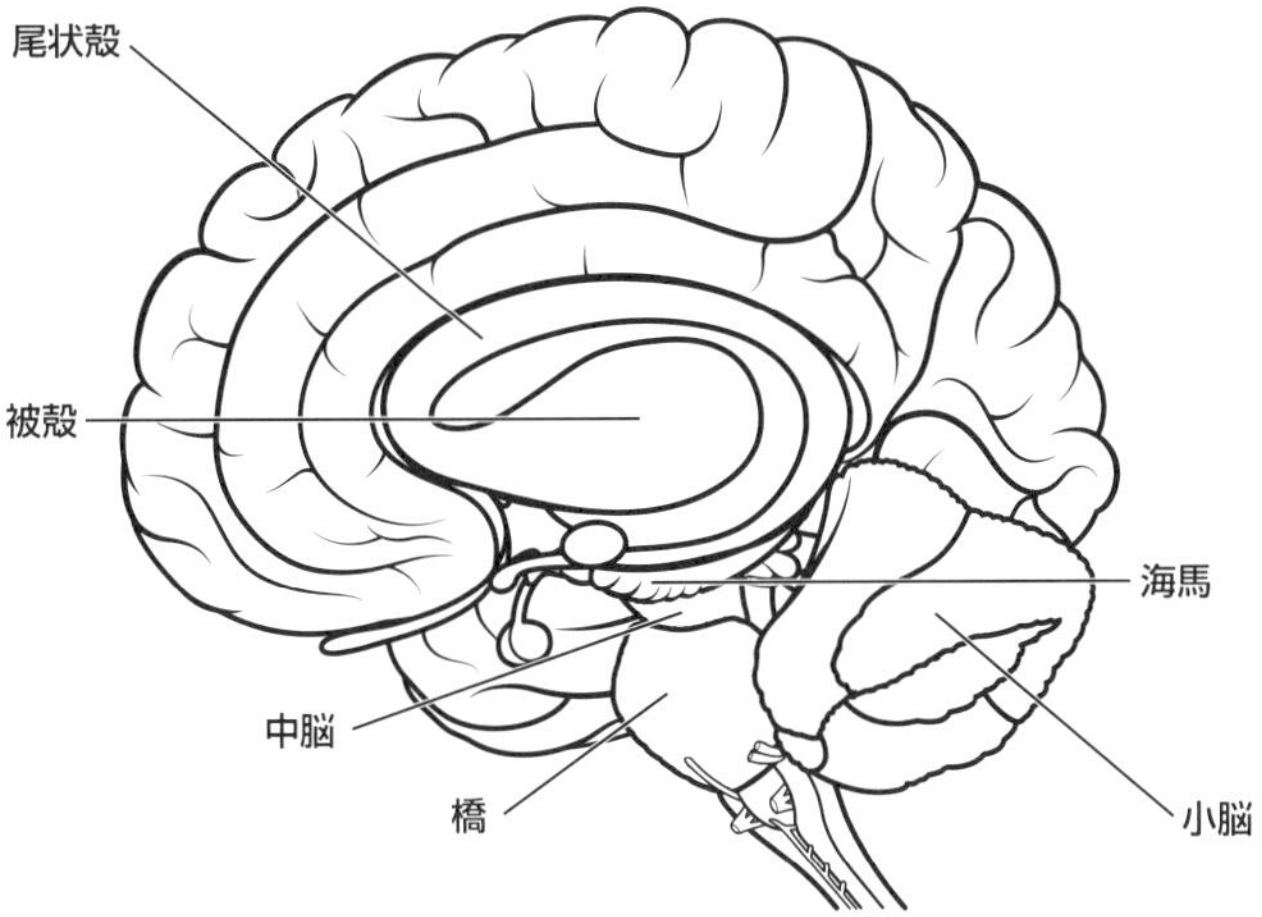

3　ロンドンのタクシードライバー

ロンドン市民だけでなく世界中の旅行者に親しまれている「ブラックキャブ（車体が黒いタクシー）」を運転するロンドンのタクシー運転手は、ライセンスを取得するのに世界一むずかしい運転免許試験に合格する必要がある。合格するには、ロンドンの地理に関するあらゆる「知識」をもつことが要求され、それは狭い路地、ホテルやレストランに関する膨大な知識を含み、合格するには平均約四年かかるといわれている。したがって、地理に関する超人的な記憶力と、出発地から経由地、目的地までの運行を導くナビゲーション能力が必要である。このようなことから、記憶についての研究している脳科学者たちから脳の可塑性につ

図5－4　海馬

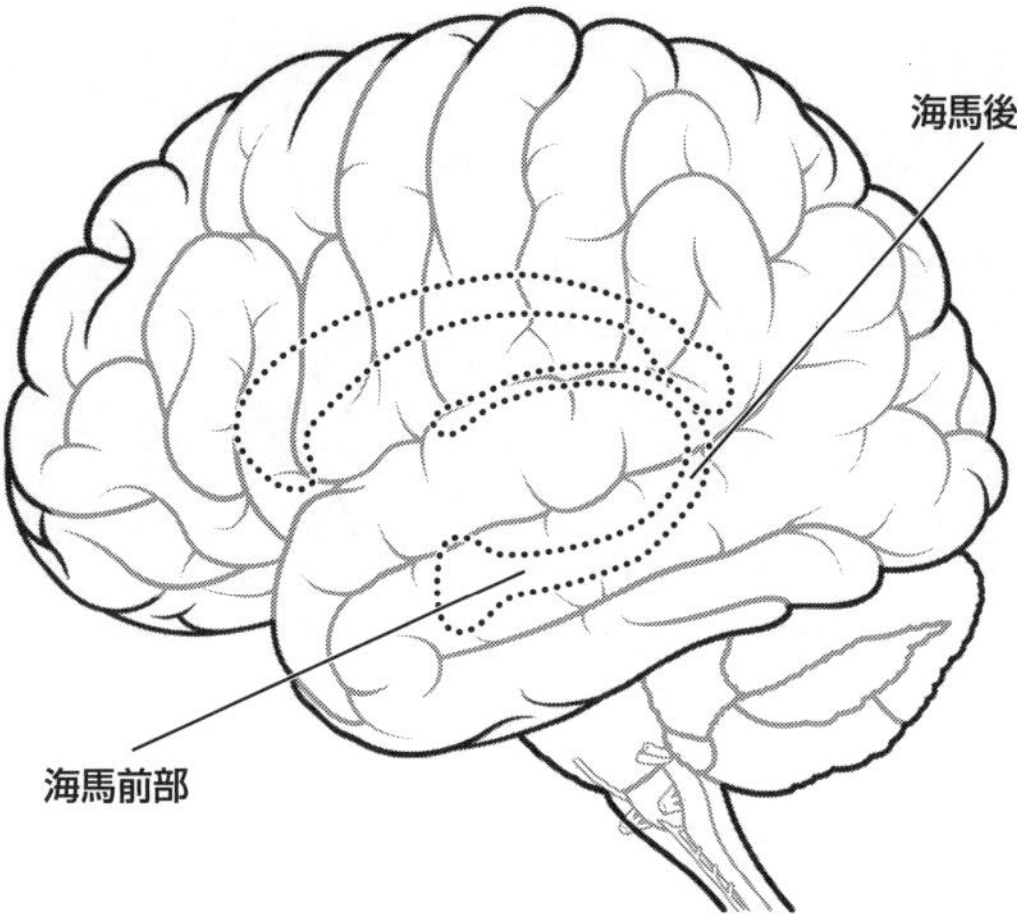

いて研究できる適切なモデルとして注目を浴びるようになった。

ロンドン大学の神経学者エレノア・マグワイア博士が⑸、ロンドンのタクシー運転手一六名についてMRIにより脳の構造について検査した。運転手達は右利きで、平均年齢は四四歳で身体的にも精神的にも病気のない健康人であった。そして比較の対照としてタクシー運転の経験のない、右利きで同年代の健康な一般男性五〇名が選ばれ、タクシー運転手と同じように検査された。その結果を比較すると、タクシー運転手の海馬後部の灰白質は、一般人に比べて大きく、海馬前部の灰白質は、一般人に比べて小さかった（図5－4）。

そして海馬後部の灰白質体積は、タクシードライバーとして働いている期間が長いほど拡大し、海馬前部の灰白質は逆に縮小していた。これらの

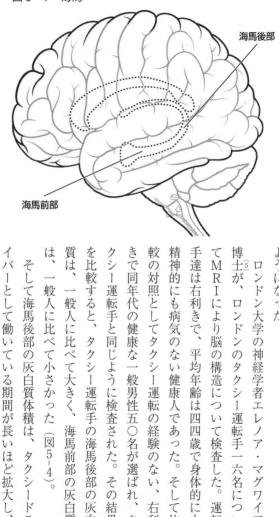

変化は運転技能、ストレス、運転手の運動経験などに生じてしている可能性もあるので、これらの点について検討された。

しかし検討を重ねた結果、脳に起きた変化は運転技能やストレスなどによるものではなく、ナビゲーションに関する専門知識を身につけたことによるものであることが明らかにされた。海馬後部は現在の位置と目的地への経路についての空間的全貌に関する空間記憶を促進する部位であり、長いタクシー経験を積むことでこの部位が可塑性によって拡大し、その機能がより高まるものと考えられた。このように、成人した脳においても、学習によって生ずる脳神経の可塑性により海馬が成長して変化するのである。

4 プロ棋士の脳

囲碁、将棋、チェスなどはボードゲーム（盤上遊戯）と呼ばれ、二人で行う。将棋は相手のコマを取り進みながら、最後に相手の王将を取るというゲーム（図5-5）で、相手から取った駒を自分の味方として使えるという点で、チェスや囲碁と異なっている。強くなるためには、長期にわたる学習と訓練が必要で、意識的な努力により課題を実行して、知識と経験を積んでいく。

図5-5　普通の将棋と5五将棋

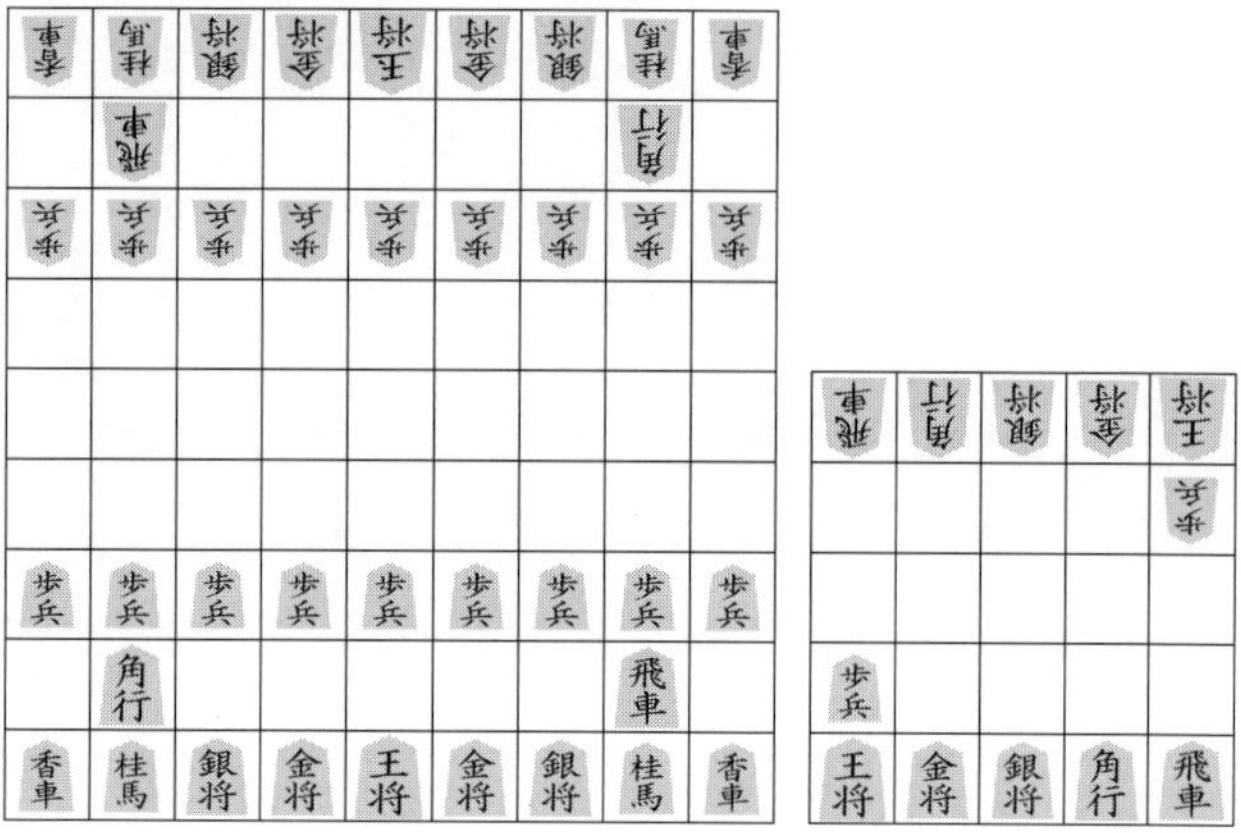

そしてプロ棋士になるためには、一日最低三〜四時間の訓練を毎日、一〇年以上続けて、数々の対局を勝ち抜いていかねばならない。そして長年、将棋に特化した思考の修練を重ねていくうちに、指し手の予測、選択、あるいは長考などにおいて独特の思考過程が形成される。このようになるには脳はどのように変化するのか、きわめて興味深い課題である。

田中啓治らのグループ[6]は、fMRIを使って、プロ棋士の対局中に活動している脳の状態を調べた。その結果、プロ棋士が将棋の盤面をみつめているとき、視覚イメージの形成や出来事の記憶想起のとりまとめに関与している頭頂葉背内側部（楔前部《けつぜんぶ》）の神経活動が高まっていることがわかった。アマチュアの場合は、顕著な活動は認められなかった。さらに、プロ棋士が詰将棋の答えを八秒以内で意識的に考えているときは、前頭連合野、運動前野、補足運動野、頭頂葉背内側部（楔前部）など、思考に関わる大脳皮質連合野の部位が活動した。一方、一秒間で直観的に最善手を考えるときは、これらに加えて大脳基底核の一部である尾状核頭部（右側）が活動していた。直感的思考には、尾状核の活動が特異的とされている。これらは、プロ棋士が長期間の訓練を積み重ねた結果、脳が可塑性によって変化したものと考えられる。

では、同様の将棋の訓練を積めば、一般人でもそれにともなって脳が可塑性により変化するのだろうか？　これについて調べられた。

将棋の経験がない二〇～二二歳の右利きの男子学生二〇名に、将棋を単純化した「5五将棋」（図5-5）の集中訓練を一五週間行い、訓練初期と訓練後に脳の機能的変化がｆＭＲＩを用いて調べられた[7]。ちなみに5五将棋とは本将棋を単純化したもので、本将棋が9×9マスなのに対して5五将棋はその名の通りに5×5マスと盤面が狭く、使うコマの種類も限られている。

ｆＭＲＩで測定した結果についてみると、訓練初期において次の最善手を考えているときには前頭前野背外側部を含む大脳皮質のいくつかの脳領域が活動しており、これは訓練後も続いていた。しかし訓練後には、訓練初期にみられなかった尾状核の神経活動がみられ、課題の正答率が上昇するにつれて強くなっていた。訓練を通じて次の最善手を決定する情報処理が高速になり、意識にのぼらないうちに判断する直観的思考能力が発達するほど、尾状核の活動が高まるようである。

尾状核の活動性が高まることはプロ棋士にも直観的思考時にみられることから、素人であっても毎日一定の学習と訓練を継続的に行えば将棋の直観的思考は発達するようである。尾状核は前頭前野などから入力信号を受け、感覚入力の中継地点となる視床を介して大脳皮質へ出力信号を送るループ状の神経回路を形成しており、大脳皮質で情報処理を行い、そのなかから最善の手を効率的に選ぶ働きをしているものと考えられている。

さらに田中啓治ら[8][9]は、プロ棋士の直観的思考を、認知的に複雑な問題解決を、自動的に短時間に、強い認知的負担（注意の集中）をかけずに行えることだとし、これは戦略や具体的な手など複雑な問題解決に大脳皮質連合野、自動的な直観的思考に関係する尾状核、攻めや守りの価値判断に帯状皮質などの脳領域との接合性が強化されることにより達成されることを示唆している。

これらのことから、素人でも訓練により脳を鍛えて、プロのような直観的思考を身につけられる可能性がある。しかしプロとアマチュアの高段者との差は歴然としており、訓練の質と量の差によるものか、素質に差があるのかについては明らかにされていない。

第6章　アスリートの脳
――プロとアマでは脳が異なる

スポーツにおいてプロ級まで運動技能が熟達するには、意識的に考えて身体を動かす段階、感覚と運動を連合させていく段階、そして速くなめらかに、無意識に体が動く段階の三つの段階がある。最後の動きが自動化する段階に達するには、長期にわたる精度の高い、集中的な練習を毎日繰り返す必要がある。運動技能を獲得して自動化するようになれば、技能は安定し、プレーできるようになる。

これらの段階を脳の観点からみると、運動技能学習の初期的段階では、運動の順序や状況の変化に合わせて、身体が動くように、運動調整のための認知過程の変化が重要となる。この段階では、大脳皮質（前頭前野、一次運動野、補足運動野、運動前野、一次性体性感覚野）、大脳基底核の線条体（尾状核）、小脳などが活躍する。そして学習がすすむと、感覚運動野、線条体

（尾状核、被殻）、小脳の神経回路が活躍するようになり、感覚と運動が連合していく。そして最終的に無意識に自動的に身体が反応するようになる段階では、線条体（被殻）、獲得した技能の保持と実行に関係する小脳の神経回路の活躍が主要となる(1)。

本章では、練習を積み重ねることで、さまざまなスポーツのプロないしプロ級レベルに達した選手たちの脳の機能的および構造的変化をみていきたい。これまでマラソン、ショートトラック、卓球、バドミントン、ハンドボール、バスケットボール、ホッケー、体操、ダンス、ダイビング、ゴルフなど、さまざまなスポーツについて研究がなされてきたが、ここでは比較的多くの研究が行われているスポーツについて紹介する。

1　バドミントン——研ぎ澄まされる視-空間能力

バドミントンがうまくなるにはどのような能力が必要だろうか。バトミントンでは、ボールを追う目と利き手上肢の精巧な共同作業が行われる。この動きを正確に行うためには、高い視-空間能力が必須である。優秀な選手ほどこの能力と関連する脳領域が、神経の可塑性によって機能的かつ構造的に変化していくものと考えられる。実際にバドミントン選手の脳でどのようなことが起こっているのか。プロのバドミントン選手二〇人（男一〇人、女一〇人）について、fMRIを用いて安静時の脳の構造的変化が調べられた[2]。

　選手の平均年齢は二二・五歳で、平均八・九年間の厳しい訓練を受けていた。検査の結果、プロ・バドミントン選手の脳では、小脳の右前葉と後葉の灰白質密度が高まり、小脳の内側部の機能的接続性が強化されていた。さらに前頭葉と左上頭頂小葉との接続性が強化されていた。可塑性によって小脳の灰白質密度が変化しただけでなく、機能的にも前頭葉‐頭頂葉の接続性が強化されていたのである。これらの変化は、洗練された運動技能に加えて、高度の視‐空間処理能力がその動きのベースを支えているものと考えられる。

　またバドミントンの試合では、羽根の落ちる位置を予測して、利き手を正確に動かすことで羽根を打ち返す技術が必要である。羽根の落ちる位置を予測することに関連している脳部位としては、内側前頭前野ではないかと考えられた。

　そこで、プロ・バドミントン選手と初心者に、バドミントン試合のビデオをみてもらい、羽根の落下位置を予想する課題が与えられた。羽根の軌跡に関する情報の影響を減らすために、羽根とラケットが接触した時点でビデオを制止し、このときの脳の状態がfMRIによって調べられた[3]。

　すると、プロ・バドミントン選手の場合、試合のビデオを

図6－1　バトミントン選手で変化する脳部位

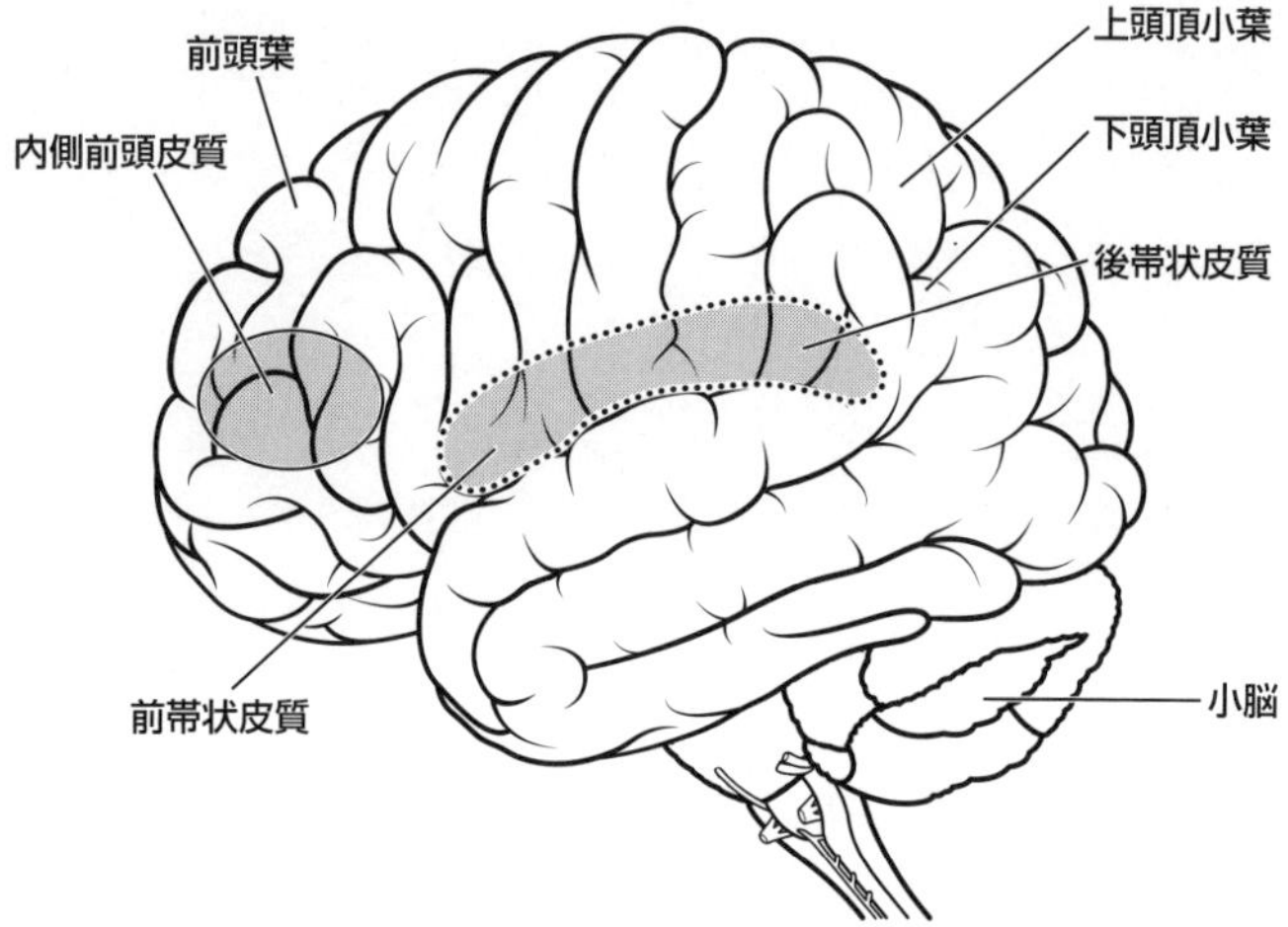

みて羽根の落下位置を予測しているとき、左内側前頭皮質に強い活性化を示し、他の脳領域（右および後帯状皮質、右紡錘状回、右下頭頂葉、左島皮質など）との機能的接続性が強化されていた。一方、初心者においては、このようなことは観察されなかった。これらの結果から、内側前頭皮質は羽根の運動予測に重要な部位で、熟練者では右後帯状皮質、右紡錘状回、右下頭頂小葉、左島皮質《とうひしつ》などとのネットワークが形成されるものと考えられる（図6－1）。

2　ハンドボール――両手を使うスポーツ特有の脳の発達

ハンドボールは、六人のコートプレーヤーと一人のゴールキーパーの七人ずつの二組が手を使ってボールをパスし、相手のゴールに投げ入れてより多くのゴールを決めたチームが勝ちとなるチームスポーツである。ハンドボールは「走る・投げる・跳ぶ」の三要素が揃ったスポーツである。一般的な身体的能力に加えて、とくに両手がかかわる身体的能力にすぐれていることが重要である。左右を問わずスピードボールを投げることは、熟達したプレーヤーの主要な技能である。したがって、ハンドボールに上達するには両手の使い方がうまくならなければならない。とくに利き手でない手のコントロールを上達させなければならない。そこで、長期間のハンドボールの練習により卓越した技能をもつ選手の脳の構造的変化ついて調べられた[4]。

調査対象となったのは、国際試合にも出場する女子プロ・ハンドボール選手で、そのうちの何人かはスイス代表チームのメンバーであった。彼女らの年齢は平均二三・六歳で、ハンドボールを平均一一歳から始めており、練習歴は平均一二・五年であった。比較対照者として、利き手と年齢を一致させた一二人の女性が選ばれた。彼女らは平均二五・五歳で、バスケットボールやバレーボールなどの経験はなく、両手や両腕を使う音楽教育を受けたこともなかった。そして全

図６－２　ハンドボール選手で変化する脳部位

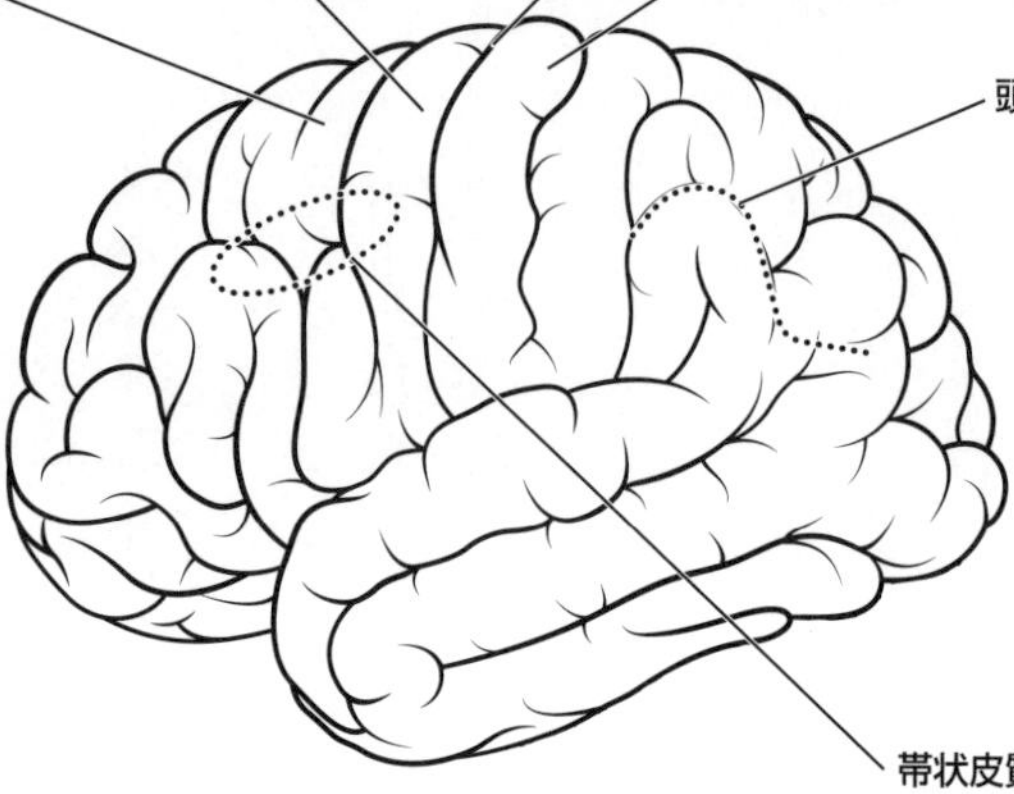

員は右利きで神経障害または精神障害になったこともなく、薬物も使用しておらず、違法薬物の経験もなかった。

こうした研究プロトコルのもとで、ハンドボール選手の脳が練習によってどのように構造的変化をみせるかが調べられた。変化については、ＭＲＩ画像をボクセルベース・モルフォメトリー（ＶＢＭ）分析法を用いることで調べられた。その結果、ハンドボール選手たちの脳において、右の一次運動野と一次体性感覚野、両側性の補足運動野と帯状皮質運動野、左頭頂間溝の灰白質体積が増加していることがわかった（図６－２）。さらに、大脳皮質運動野から脊髄を経て骨格筋に至る神経線維の束である右の皮質脊髄路の異方性度（白質の機能評価に用いられている）と軸方向の拡散率が増加（神経線維の機能が亢進）していた。そして練習を開始した年齢が早いほど、左右の一次運動野と一次体性感覚野の灰白質の体積が増加していた。これらの結果から、ハンドボールの練習にともなって、可塑性によって、この技能に関連するさまざまな脳領域が構造的、機能的に変化して、高度な技能を支えているものと考えられた。

3　バスケットボール――相手のブロックをかわしてシュートする能力を育む神経回路

バスケットボールは、ボールをドリブルしたり、パスしたりして進みながら相手チームのバスケットにボールを投げ入れることで得点を競う球技である。バスケットボールの練習を長期間行い、プロ級にまで上達した選手の脳の構造的変化について調べられた[5]。

調査対象者は、中国の一流バスケットボール選手二一人で、男子バスケットボールの主要トレーニングセンターの一つである上海スポーツ大学の学生である。平均年齢は二一・三歳で、平均一一・四年間にわたって一日約三時間の練習を週五日間行っていた。比較対

図6-3　バスケットボールで変化する脳部位

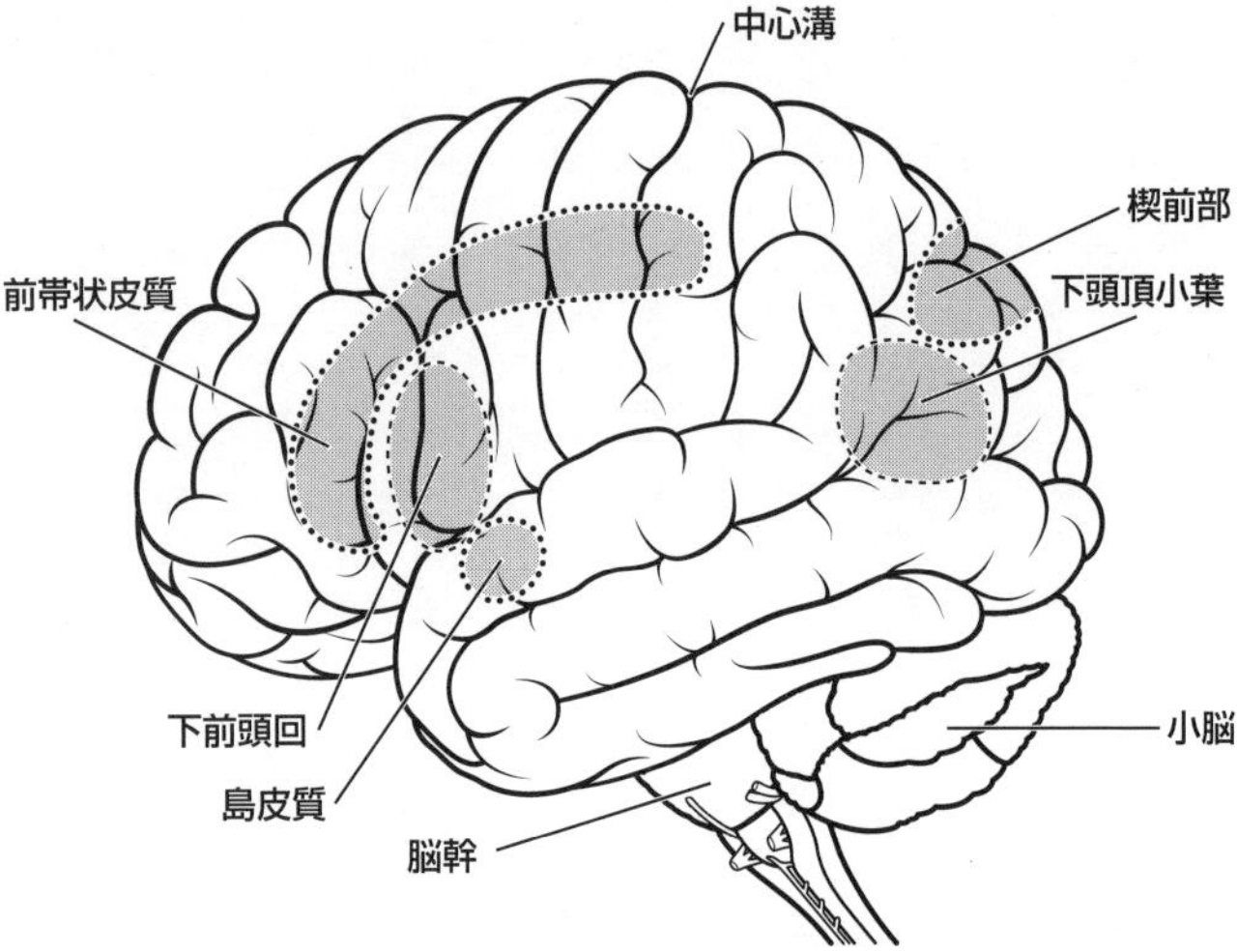

照者としては、バスケットボールや他のスポーツの訓練を受けていない二一人の男子学生が選ばれた。彼らの年齢は平均二一・九歳であった。バスケットボール選手の身長は平均一九〇・六cmで、対照学生の一七六・八cmより高かった。

選手と対照者にｆＭＲＩによる脳画像検査が行われ、ボクセルベース・モルフォメトリー（ＶＢＭ）分析法によって解析された。その結果、バスケットボール選手は大脳の右楔前部、左前島皮質、右前帯状皮質、左下前頭回と左下頭頂小葉の五つの脳領域（図6-3）の灰白質体積が対照者よりも拡大していた。以下に、これらの脳部位とバスケットボールの技能面との関係について説明する。

楔前部は、運動の準備および実行中に空間

情報を処理しており、ターゲットを追跡する作業に関与している。バスケットボールにおいて、頻繁に移動するターゲットを追跡する技能は重要で、選手の楔前部の体積の増加はこの能力の強化と関係している。

島皮質は複雑な行動課題において高い活性化を示し、危険な状況で迅速な決断を下すのに重要な役割を果たしている。バスケットボールでは、選手がコートで自分の位置を自覚し、攻撃-防御戦略を決定することが多い。このため、島皮質の体積が拡大したものと考えられる。前帯状皮質は、注意と行動選択に重要な役割を果たしており、この部位の灰白質体積も拡大していた。

バスケットボールでの運動計画のプログラミングと実行は、対戦相手の行動観察に大きく依存している。下頭頂葉は視覚的知覚、空間的知覚および視覚運動統合を含む複雑な認知機能にとって重要で、行動観察と動きを正しく理解したうえで予測するという活動のなかで活性化され、灰白質量が増加したものと考えられる。

さらに安静状態の脳の機能的接続性についてみると、選手たちの右楔前部は、下前頭回と右下眼窩前頭回の左弁蓋部、中前頭回との強い接続性を示した。これらは、人が覚醒している状態で、なおかつ休息しているときに活発になるデフォルトモード・ネットワークという神経回路網を形成しており、課題遂行の活動時よりも安静時に活動性が高まっていた。デフォルトモード・ネットワークは、自己や他者に関する情報処理、エピソード記憶の検索、社会的情報処理、将来の出来事の期待、計画や展望記憶、課題準備や課題セットの生成と維持に深くかかわっている。バスケットボールのプレー中に、自己が経験した出来事に関する記憶をより頻繁に処理することから引き起こされる神経回路に変化が起こっているものと考えられる。

バスケットボール選手において左前島皮質は左上側頭極と右下前頭回、右前帯状皮質は左内側上前頭回と強く接合していた。これらは顕著性（salience）ネットワークという神経回路網を形成しており、身体的および外部状況で生じる目立った刺激の重要性を評価して、その情報を適切に処理する。こうした変化は、バスケットボールのプレーでは、必要な記憶の保存とその適時の抽出が重要であることと関連している。

さらにバスケットボール選手では、左下前頭回は左下頭頂葉と、左下頭頂葉は左中前頭回と機能的接続性が強化していた。これらは実行制御（executive control）ネットワークと呼ばれる神経回路網で、背外側前頭前野および後頭頂皮質を含む前頭-頭頂系に分布している。このネットワークは、複雑な課題を処理する際に思考や行動を制御している認知制御機能である。とくに新しい行動パターンの促進や、非慣習的な状況における最適な行動を実行するのに重要な役割を果たしている。とくに、前頭皮質は空間的注意の規則的な割り当てを調整する際に必要とされる領域であり、頭頂皮質は空間的認識に深く関与している。バスケットボール選手において、これらの脳領域の接続性が強いという結果は、運動能力の高い選手がプレー中の変化する状況に応じて最適な行動を選択するのに重要な働きをしている。

同じグループによる別の研究[6]では、視覚による情報を処理する神経回路網の視覚ネットワークと、自分から何かを探索するときの能動的注意を担う神経回路網の背側注意ネットワークの重要性も強調されている。視覚系ネットワークは、変動しやすく予測不能な環境での技能の発揮には重要な役割を果たす。

注意ネットワークの領域は、主に頭頂皮質と上前頭回からなる背側注意システムに位置し、これらの領域は方向性、標的選択、および準備反応に関連している。背側注意ネットワークは、複雑な運動機能の調整と運動計画の制御を担っている。それは実行制御ネットワークとデフォルトモード・ネットワークの架け橋になっていると考えられている。

以上、バスケットボールの運動技能の練習により、これに関連するさまざまな脳領域とこれらからなる神経回路網が可塑性により変化して、機能が向上していくものと考えられる。

4　ゴルフ——止まったボールを打つだけなのに、どうして思ったところに飛ばないのか

ゴルフはクラブでピンポン玉くらいの硬球を打って、ターゲットとなる直径一〇・八㎝の穴

にいかに少ない打数で入れられるかを競う野外球技である。ゴルフの上達には、ゴルフ球を遠くに飛ばす能力や、目標地点に正確に落としたりする能力が必要で、ドライブ、ピッチ、チップなどに即したクラブ・スイングができるようになることが重要である。

そして、スイングの特異性および複雑さについては、次のようなことがポイントとなる。

①クラブ・スイングは弾道運動の典型的な例である。

②完全なクラブ・スイングは腕、手、脚、足、肩、頭、および腰の多数の身体部位を順次に連続的に動かすことによってのみ達成される。

③異なる種類のクラブ・スイング（ドライブ、ピッチ、チップなど）は多くの共通性を有するが、それに組み込むのがむずかしい特定の運動パターンも含まれる。

④シャフトの長さ、重さ、ヘッドサイズが異なるクラブでクラブ・スイングが行われるので、多種多様な道具に対する変形パターンが必要となる。

⑤クラブ・スイングは、外部の目標に合わせる感覚と運動コントロールを調整し、高い精度で、クラブの芯でゴルフボールをとらえなければならない。

ゴルフの上達には、毎日数時間の練習を長期間継続して行う必要がある。ハンディキャップ（以下、ＨＤと略す）とは、ゴルフの技量を示す指標で、ＨＤ36を上限として数字が小さくなるほどに優れていることを示している。ＨＤが一桁になるとシングルプレイヤーと呼ばれている。HD10〜15に到達するためには、少なくとも五〇〇〇〜一万時間の練習時間が必要とされている。プロともなると、精度の高い練習を毎日長時間、長期間行い、試合で勝ち抜いていかなければならない。そこで、プロになるほどの精度の高い練習を長期に継続すれば、脳は可塑性により変化するかについて調べられた[7]。

プロゴルファー一〇人、ハンディキャップ（HD）1〜14の上級アマゴルファー一〇人、HD15〜36のかなりの腕をもつアマゴルファー一〇人、ゴルフをしていない一〇人の脳の構造がMRIを用いて比較された。すべてのプロのHDは0で、HD1〜14グループのHDは平均7・7、HD15〜36グループのHDは平均28・3であった。ゴルフコースで過ごした平均時間をみると、プロは平均二万七四一五時間、HD1〜14は三二〇七時間、HD15〜36は七五八時間であった。ゴルフを始めた年齢について、プロは平均一三歳、HD1〜14は平均一四・五歳、HD15〜36で平均一九・〇歳であった

プロとHD1〜14グループは、HD15〜36と素人の人たちと比べて、前頭-頭頂ネットワーク（頭頂葉から送りこまれた感覚情報を運動前野が処理し、動作の発現と制御を行っている）の右吻側《ふんそく》（頭側）運動前野背側部、左尾側運動前野背側部、

図6－4　プロゴルファーで変化する脳部位

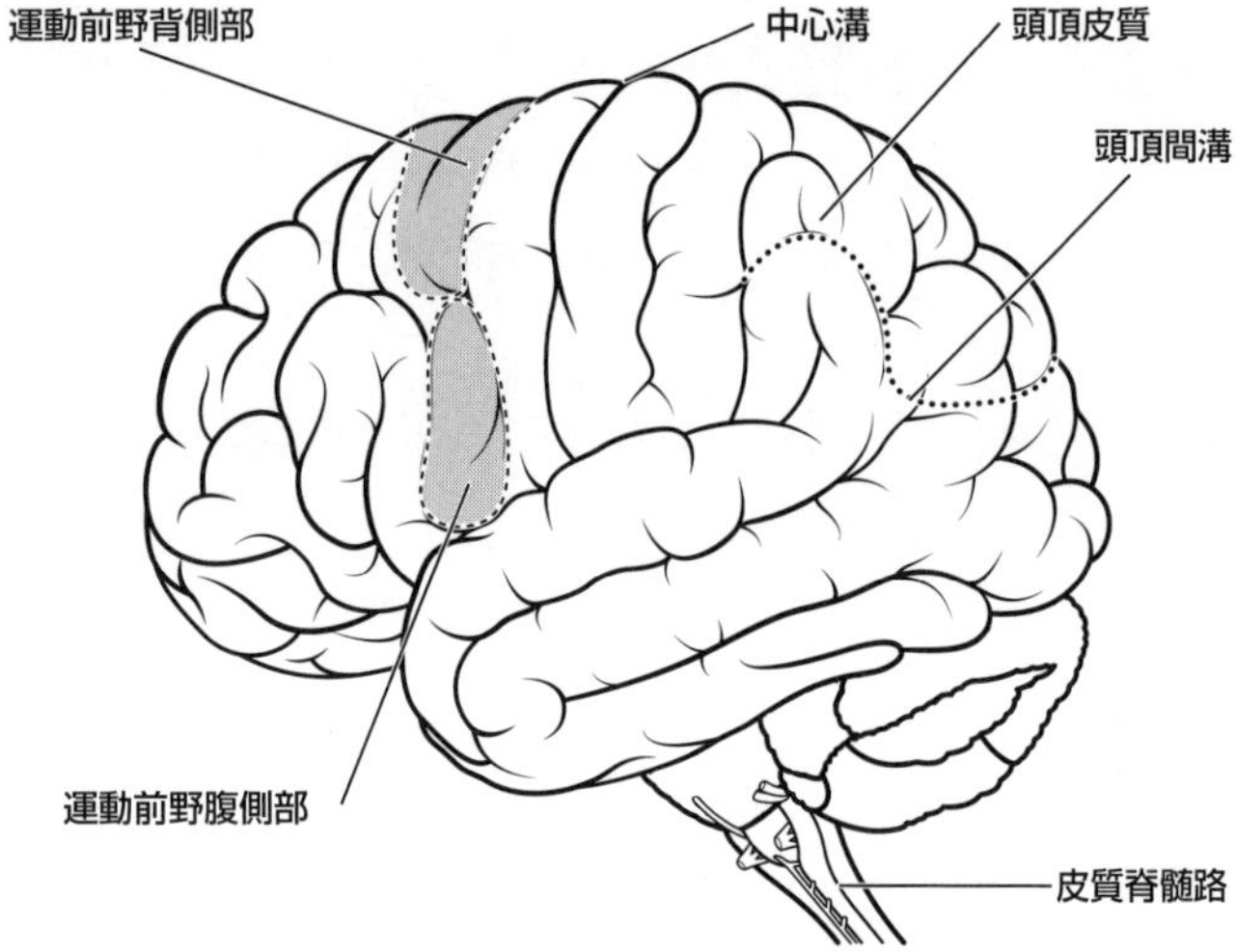

頭頂間溝後部の左側後頭頂皮質、頭頂皮質後部の内側に位置する領域の灰白質体積が拡大していた（図6－4）。そして皮質脊髄路（内包および外包ならびに頭頂弁蓋の位置）における白質体積の減少と白質の神経線維の走行性を評価する異方性度が低下していた。異方性度が低いということは、神経線維の走行性が弱く、白質の機能が低下していることを示唆している。

これらの結果は、プロおよびＨＤ１～14グループは、ＨＤ15～36と素人グループとの間に感覚運動と認知処理の制御に関与する脳領域における可塑性の変化に差があることを示唆している。しかし、プロとＨＤ１～14人たちの間に差を見いだせなかった。

そして可塑性変化の程度は、ＨＤおよび練

習時間によって測定されるゴルフ技能レベルと直線的に相関するものではなく、段階的であった。HDが累積練習量（年数または月数の合計練習時間）の量に強く依存することを考慮すると、脳構造の可塑性変化は初期の集中的なゴルフ練習によって引き起こされ、その後の上達は練習時間と相関するものと考えられる。すなわち、初期のトレーニング段階によってゴルフのHDを約15に減らすまでは脳構造の変化が誘発されるものの、さらに上達するにはよりきびしい練習が必要で、多くの練習を積まないと、プロの域に到達することはむずかしいと考えられる。

プロとHD1～14グループの灰白質体積の増加がみられる脳領域の大部分は、左半球に位置し、いわゆる運動前野背側部および後頭頂皮質の一部であった。運動前野背側部の中心的な機能は、後頭頂皮質との相互作用で達成される動きの生成と準備、それに関連する空間情報処理である。左半球に位置しているのは、ほとんどのゴルファーが右利きであることによる。

さらに、熟練したゴルファーでは皮質脊髄路、内包および外包、ならびに頭頂弁蓋の位置における白質体積の減少と異方性度が低下し、白質の神経線維の走行性の弱いことを示唆していた。これは大脳皮質の運動野から脊髄を経て体の骨格筋に至る神経線維の伝導路の機能低下を示唆していることになり、これらの結果は練習すればするほど、白質体積が増加して、白質の神経線維の走行性も強くなり、機能が向上する、という仮説と矛盾しているようにみえる。これに対して、次のような説明がなされている。

クラブ・スイングの練習では、全身の多様な動きを繰り返される。さらに効率的なクラブ・スイングを達成するためには、高度に自動化された、正確なタイミングが修得されなければならない。これらは、毎日の長時間の正確な練習を長期にわたって繰り返すことによって達成される。こうした練習によって、大脳皮質から骨格筋への神経線維による信号の伝導の効率性が高まり、少ないエネルギーで信号を伝導できるようになるという仮説である。実際、このような現象はプロのミュージシャンやバレエダンサーでも観察されている。

したがって、ゴルフに熟達するには、精度の高い集中した練習を繰り返し、継続しなければならない。そうした練習を積むことで、一連の運動が無意識に自動的に行える神経回路網が形成されるのである。

5 体操――熟達すると少ないエネルギーで高度の演技が可能に

体操は、外的要因に左右されない状況下で発揮される技能でクローズドスキルといわれる代表的なものである。クローズドスキルの競技とは、外的要因によって左右されないスポーツのことで、自分のペースで行うことができる。

体操競技は、徒手または器械を用いた体操（器械体操）の演技について、技の難易度・美しさ・安定性などを基準に採点され、その得点を競う。男子は床運動、鞍馬、吊り輪、跳馬、平行棒、鉄棒の六種目、女子は跳馬、段違い平行棒、平均台、床運動の四種目が行われている。選手として活躍するためには、幼少期から小学生頃に始める必要があり、中学・高校の時点で、すでに選手として活躍し、推薦入学できるレベルまでに達していることが多い。

さらに国際的レベルに達するには、幼少期の早い頃からトレーニングを開始し、一日数時間の練習を、全キャリアを通して維持する。この長期わたる集中的な運動技能訓練の結果として、体力、バランス、調整、優美さ、敏捷性、そして柔軟性の点で並外れた能力を獲得する。体操は、正しいタイミング、正しい順序、正しい範囲で正しい筋肉を活性化する神経系の能力に依存している。さらに体操は、複数の感覚器官からの入力を統合している。体操競技に関係する運動、視覚、空間認識、体性感覚に関連する脳領域は、可塑性によって変化し、運動技能の獲得および維持を支えるようになる。

ここで、国際レベルの体操選手の脳について調べた研究

を紹介する。[8] 研究に参加した選手は中国人で、すべての選手が世界選手権かオリンピックでメダルを獲得していた。女性七名と男性六名の一三名で、平均年齢は二〇・五歳であった。彼らは、平均四・五歳から一二・五年間以上、一日平均六時間以上練習をしていた。比較対照者には、神経や精神の病気にかかったことがなく、年齢と性を一致させた一般女性七名、一般男性六名の一三名（平均年齢二二・五歳）が選ばれた。

ＭＲＩの結果で、体操選手は一般人に比して両側の上縦束、下縦束、下後頭前頭束の白質の機能性を評価する異方性度が低下し、白質の神経線維の機能性低下を示唆していた（図6-5）。上縦束は、前頭葉背内側部から頭頂葉、後頭葉をつなぐ神経線維束で、身体部位の位置、視覚空間や聴覚空間の情報処理などに関与している。下縦束は、後頭葉から側頭葉、頭頂葉と後頭葉をつなぐ神経繊維束で、目標対象、顔と場所の情報処理、読み取り、語彙処理と意味処理、感情処理、視覚記憶などに関与している。下後頭前頭束は、後頭葉、側頭葉と前頭葉をつなぐ神経線維束で、注意や感情理解において重要な役割を果たしている。さらに、学習と記憶に関係している両側の中部帯状皮質、身体の各部位から体性感覚の入力を受け取る両側の体性感覚野、両側の運動野の白質の異方性度が低下し、白質の神経線維の機能性低下を示唆していた。

その後、同じグループが、脳の表在性白質と深部白質の繊維束の可塑性変化やネットワーク

図6-5　体操選手で発達する連合繊維束

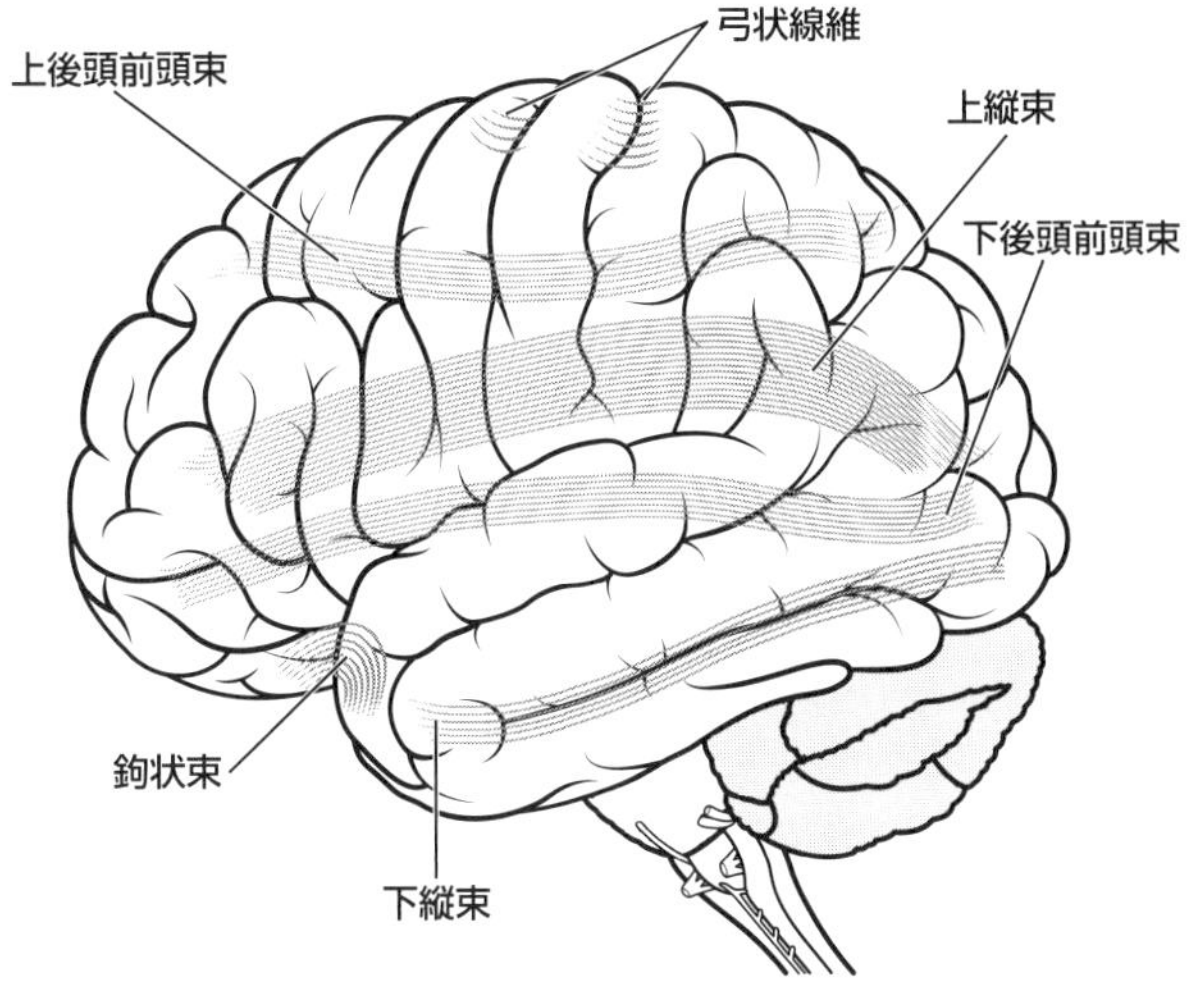

内や間の機能的接続性について調べて、深部白質繊維束で左下前頭-後頭繊維束の後頭葉部、右下縦状束の後頭葉と側頭葉部、右鉤状束の島皮質部、および右弓状束の頭頂葉部の四つの脳領域において異方性度が低下していることをみつけた[9]。

　これらの脳領域も、前述したような体操競技において重要な役割を果たしている脳部位である。

　一般的に異方性度の増加は、学習初期に関連して観察されている。週五日のトレーニングで六週間後に白質の異方性度の増加がみられ、白質機能が向上していることを示している。しかし、この研究結果のように一〇年以上にわたる長期の運動トレーニングを続けている国際的レベルの体操選手では異方性度は低下していた。これらの選手においても、練習の初期段階では異方性度が増加していたが、長期の練習により運動能力が向上して国際的レベルまで達するようになると、白質が神経可塑性によって変化して、より効率的な段階に入り、少ないエネルギーで運動が行えるようになる。これによって、体操選手は種々の体操技能を容易に実行できるようになる。これと同じような現象がプロのミュージシャン、バレエダンサーやプロゴルファーでも観察されている。

このように、体操選手が長期に練習を重ねて国際的レベルまで達するようになると、それにともなって脳の広範な部位の構造や機能が可塑性によって変化して、競技能力を支えているものと考えられる。

以上、バトミントン、ハンドボール、バスケットボール、ゴルフ、体操などでプロ級にまで達した人たちの脳の変化をみてきた。これらの人たちの脳では、各種スポーツで使う認知や感覚に関する脳領域の機能向上と、運動をつかさどる脳領域、線条体、小脳などの灰白質体積の拡大と白質の機能向上がみられた。そして、それぞれのスポーツに応じて独特な神経回路網が形成され、各技能が自動的で少ないエネルギーで効率よく精度が高く行えるようになっていくものと考えられる。

運動技能に熟練するためには、精確で高度に集中した反復練習を粘り強く継続する必要がある。このようなきびしい鍛錬を行うことではじめて、動作自体に注意を払わなくても無意識的に競技を行えるようになるのである。このことは種目を問わず、すべてのスポーツに共通することである。

第7章 音楽と脳
――認知機能を向上させる音楽の力

毎日の生活において、聴く、歌う、演奏するなど、音楽に接しない日はないといってよい。音楽は気持ちを落ち着かせる、落ち込んだ気分をやわらげる、気分を転換させたり、高揚させる、ストレスを緩和する、集中力を向上させる、眠気を誘うなど、多種、多様な効果があり、私たちの生活になくてはならないものである。

近年、音楽と脳の関係が注目されるようになり、モーツァルトなどのクラシック音楽を聴くと頭が良くなるという「モーツァルト効果」が喧伝されたこともあった。最近では、胎児にクラシック音楽を聴かせると胎児の脳の発達をうながすとか、子供の脳を発達させるには音楽を練習させるとよいといわれている。

また、プロの音楽家の脳の研究も盛んに行われており、子供のときから長い年月にわたって歌や楽器を練習していると神経の可塑性により脳が機能的、構造的に変化することが明らかにされている。

さらに、一般の人でも、しかも成人となったあとばかりか、高齢者においても、音楽の練習を繰り返すことで、可塑性によって脳が変化して認知機能の低下を防ぎ、認知症を予防したり、脳卒中患者の脳機能の回復に効果があるといったことが明らかにされている。

そこで本章では、子供の脳発達に音楽がおよぼす影響、成人や高齢者の脳に音楽がおよぼす影響について調べた研究、さらに脳神経にダメージを負った人のリハビリに音楽が有効であること示した研究を紹介する。

1　音楽は子供の脳の発達をうながす

幼少期に音楽の練習をすると、本来の発達に加えて、脳に機能的、構造的変化をもたらすことが知られている。これまでの研究から、音楽の練習することで、音程や拍子のとり方の能力が増すだけでなく、言語能力の向上にもつながることが明らかにされている。

生後九カ月の乳児に、三拍子のワルツのような乳幼児用の歌や曲を一セッション一五分、合計一二セッションを四週間にわたって聴かせたグループと、その同じ期間、遊戯だけさせたグループに分け、乳児と脳の機能的な変化を脳磁図（ＭＥＧ*）を用いて比較した[1]。すると、音楽を規則的に聴かせた乳児たちは、遊戯だけの乳児たちに比べて、音楽だけでなく言語においても、音の順序関係を考えて予測する時間構造処理能力がより強化されることがわかった。

幼児については、四〜六歳の英語を母国語とする三六人に、サマーキャンプで一日二回、一時間のセッションを四週間、音楽またはフランス語のどちらかに振り分けて練習をさせ、その前後で脳機能がどう変化するかを事象関連電位（ＥＲＰ**）を使って調べた研究がある[2]。その結果、四週間後、両グループの子供たちは音楽またはフランス語と関連した音の処理に関する脳機能が強化されていた。その効果は、少し弱まりはしたものの一年後にもみられた。

学童期の子供について、長期に音楽の練習をさせると、脳はどのような影響を受けるかについて調べた研究もある[3]。米国ロサンゼルスの恵まれない六〜七歳の小学生一三人が、ロサンゼルスの青年オーケストラ楽員によってベネズエラで開発されたエル・システマという音楽教育を受けた。このプログラムに沿って、一週間当たり六〜七時間の音楽訓練が二年間にわたって行われた。そして、脳機能の変化が事象関連電位を使って調べられた。この結果と、同地域のサッカー・プログラムに参加した一一人、何ら課外プログラムを受けていない一三人の結果とが比較された。

その結果、訓練前には三つのグループ間で差は認められなかったが、二年後には音楽教育を受けた子供たちは、音色の変化の検出が正確になり、メロディの識別が速くなるなど、中枢性聴覚システムが他の子供たちよりも早く発達していたことがわかった。これらの結果から、学童期の子供に音楽教育を長期にわたって行うと、音楽の素質の有無にかかわらず、音楽に関連する脳部位の機能が発達することが明らかとなった。

さらに、脳の発達の終盤に近づいている高校生について調べた研究がある[4]。高校生一九人が入学後にカリキュラムとして卒業までの三年間、音楽訓練を受け、入学前と卒業時の音や言語に対する脳機能の変化について調べられた。その結果、音楽訓練を受けた学生たちは、音楽訓練を受けていない二一人と比べて、音や言語技能の神経処理機能がより強化され、聴覚に関係する脳領域がより発達していた。このように、思春期に到達してから音楽の訓練を受けた場合でも、音や言語に関する脳領域が可塑性によって変化して発達するようである。

これまでの研究で、プロの音楽家たちは、楽器を演奏するのに左右の手や、さらには足も使うので（ピアノのペダルなど）、左右の大脳皮質をつないで情報をやりとりする神経線維の束である脳梁が太くなっており、それも七歳以下で訓練を始めた音楽家はより大きいことや[5]、バイオリン奏者では、早い年齢で始めた人は、弦を押さえる左手指に関係する右脳の一次性体性感覚皮質の白質体積が拡大す

ることが報告されている[6]。

以上のことをまとめると、脳の発達が盛んに行われている乳児から思春期に音楽の訓練を受けると、それと関連した脳領域が可塑性によって変化して、より発達するようである。さらに、音楽の訓練の開始が早ければ早いほど、訓練期間が長ければ長いほど、本来の脳の発達に加えて音楽と関連する脳領域が可塑性によって変化して発達するようである。

2　音楽によって成人の脳も成長する

一九九〇年代に入り、成長した哺乳類の脳においても、身体各部位からの情報が脳に向かう求心性神経によって脳の一次体性感覚野に伝達されること、そして入力される情報量や期間に応じて、一次体性感覚野が可塑性によって変化して再組織化されることが報告された。これまで脳は成長すると、その後は変化せず退化していくのみと信じられていたので、これは画期的な発見であった。このことを確かめるべく、多くの研究が行われた。

トーマス・エルバートら[6]は、成人のバイオリン奏者六人、チェロ奏者二人について、左右の指に刺激を加えて体性感覚皮質の神経活動を磁気源画像（ＭＳＩ）***で記録した。体性感覚とは触覚、圧覚、温覚、冷覚、痛覚などの皮膚感覚と、手足の運動や位置を伝える深部感覚を含み、感覚からの刺激を受けて、身体の運動に結びつける機能と関係している。

バイオリンやチェロの奏者は、左手四本の指で弦を抑えて音程を選ぶため、左手の指は絶えず動く一方、右手は弓を引く運動で音を出すだけなので、特殊な奏法以外で右手の指を動かすことはなく、左右の手指の動きがまったく異なる。したがって、左右の手指からの刺激を受ける脳領域の変化に差を生じると予想される。

実験の結果、右手の指の感覚情報を受け取る左一次体性感覚野は変化していなかったが、絶えず指を動かす左手の感覚情報を受け取る右の一次体性感覚皮質体積は拡大していた。音楽活動をしていない一般成人六人について調べると、このような変化は生じていなかった。この結果から、長い期間弦楽器を練習すると、指の運びが関係する体性感覚皮質体積が可塑性によって変化し、拡大することがわかったのである。

その後、どの程度の練習が脳の機能や構造を変えるかについて、右利きのプロの音楽家二〇人について調べられた[7]。そのうち一三人はピアニストまたはオルガン奏者で、平均年齢は四三歳であった。彼らは約三六年間にわたり、毎日平均二・八時間ピアノの練習をしていた。他の七人は音楽教師や弦楽器奏者で、平均三五年間、毎日平均一・八時間楽器の練習をしており、ピアノも第二の楽器として演奏できた。これらの人々の音楽演奏と関連する脳領域がＭＲＩによって調べられ、同年齢で楽器の演奏経験のない一般人の一九人の結果と比較された。

図7-1　ピアニストで拡大する脳領域

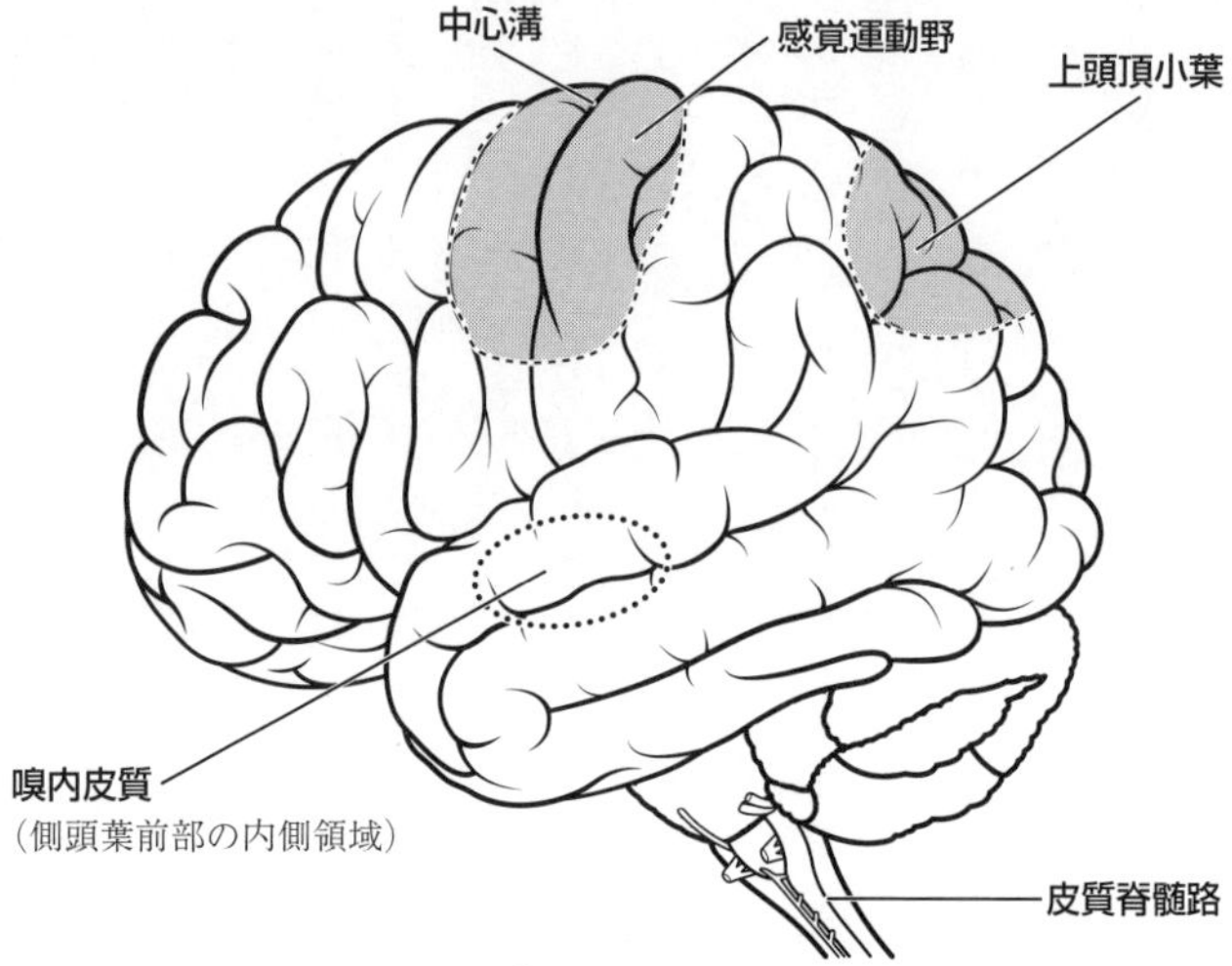

その結果、プロ音楽家の右脳の感覚運動野、上頭頂小葉、嗅内皮質（目標情報と空間情報の両方にかかわる）、皮質脊髄路（大脳皮質の運動野から脊髄を経て骨格筋に至る軸索（神経線維）の伝導路）などは、一般人よりもいちじるしく拡大しており（図7-1）、一日一・八時間練習していた音楽の教師や弦楽奏者よりも拡大していることがわかった。これらの結果から、毎日長時間、練習をし、これを長期間続けるほど、可塑性によって音楽に関係する脳領域が拡大すると考えられる。さらに、両手指を使うピアニストと左手指をよく使う弦楽器奏者では、可塑性によって変化する脳領域に違いを生じることも、経頭蓋磁気刺激を用いた研究で明らかにされている[8]。

ここまで、楽器演奏の練習が脳に与える影

響についてみてきたが、次に歌う練習が脳にどのような影響を与えるかにについてみる。歌うことは、伴奏を聴き、それにあわせて発声するという聴覚と運動系の協調が必要で、側頭葉ー前頭葉を接続している弓状束の機能が重要になると推定される。そこで、プロ歌手、楽器奏者、一般人について、弓状束の体積と白質の統合性がMRIを用いて調べられた(9)。

その結果、プロの歌手や楽器奏者は一般人と比べて、右半球の弓状束の背側と腹側枝の両方で体積が拡大していることがわかった。さらに、プロ歌手の場合、左半球の腹側と背側皮質視覚路の両方において体積が拡大し、白質の高い統合性が示された。これらのことから、歌う練習を長期に続けている歌手は、左右半球の腹側と背側弓状束が可塑性によって太くなり、強化されるようである。

3　音楽が脳の老化を防ぐ

認知機能が低下していく高齢者を対象に、音楽が脳にどのような影響を与えるかについて調べられた。六〇～八四歳の認知機能に問題のない高齢者一三人が、一週間一回、ピアノの先生から一時間半のレッスンを受け、その他の日は最低週五回以上、一回四五分間以上の練習を、自宅で四カ月間にわたって行った。脳機能の変化については、指たたきテスト(右手の人差し指でスペースキーを一〇秒間できるだけ早くたたき（左手でも同じことを行う）、その運動速度、微細な運動コントロールを調べる）やストループテスト（色名の単語が表す色とは異なる色で実際には印字された色名の単語を読み上げるテストで選択的注意を測定する）などの神経心理テストによって調べられた。すると、ピアノの練習後には、これらのテスト結果が良くなり、認知機能の低下を改善していることが示された。[10]

また別の研究では、平均七〇歳のアマチュアの音楽家一〇人と音楽活動にかかわっていない同年齢層の一般人一〇人に対して、音に対する脳の反応性が事象関連電位を用いて調べられた。[11]アマチュアの音楽家は一四歳までに音楽の個人レッスンを五年以上受けており、調査時においても音楽の活動に従事していた。これらの人々は、音楽の練習を続けることで、音に関係する聴性脳幹部と皮質の機能が強化されていた。その結果、音と関連している「話す-聴く」能力が向上し、加齢にともなう母音知覚の衰退や会話理解の衰えを防いでいることが示された。これらのことから、音楽の練習は、音楽に関係する脳領域が可塑性によって拡大して、さらに音と関連する言語能力にも良い影響をおよぼすことがわかった。

これらのことから、成人や高齢者においても楽器演奏や歌の練習を行うことで、認知機能の低下を防ぐことが期待される。

4　脳神経障害者のリハビリに有効

脳卒中の麻痺に対して

脳卒中には、脳血管が詰まる脳梗塞と、脳血管が破れる脳出血がある。どちらの場合も、障害された脳領域の機能障害を生じ、後遺症として運動障害や言語障害などを引き起こすことがよく知られている。運動障害は、障害された脳領域とは反対側の手足に麻痺を生じる。片側の上下肢の完全麻痺をきたした場合を半身不随という。リハビリによって麻痺を取り除くには、動かない部分を動かす練習を動くまでずっと繰り返さなければならない。痛みをともなうため、患者にとっては大変つらい訓練となる。

二〇〇七年、ドイツのサビン・シュナイダーら[12]は、左または右上肢麻痺患者で楽器演奏の経験のない人にミディピアノや電気ドラムパッドを用いて、馴染みの歌の一部を演奏するという練習をしてもらった。練習は一日一回三〇分で、合計一五回を三週間かけて行うものである。すると、音楽の練習をした人たちは、通常のリハビリだけを受けた人たちと比べて、麻痺した上肢の運動の速さ、正確さ、円滑さが増しただけでなく、日常生活における動きもいちじるしく改善した。

シュナイダーは、この訓練を音楽サポート訓練（ＭＳＴ：music supported therapy）と名づけた。その後も、多くの研究でこの効果が確かめられている。ＭＳＴは、急性期が過ぎて病状が安定した亜急性期だけでなく、慢性期の患者においても有効であることがわかっている。そして、単純な動きの繰り返しで行うことができる、音を聴くことで動作を速める効果がある、音と運動の連動性を増強する、障害の程度や進行状態に応じて加減できる、新しい技術を学ぶ楽しみから練習へのやる気が出る、などの要因が重なってより大きな効果をもたらすのではないかと考えられている。現在では音楽によるリハビリ機器が開発され、脳卒中患者のリハビリに用いられている。

パーキンソン病の歩行障害に対して

パーキンソン病は、多くは四〇～五〇歳以降に発症し、ゆっくりと進行する原因不明の神経変性疾患である。中脳黒質のドーパミン神経細胞が減少することによって、線条体（被殻と尾状核）においてドーパミン不足を生じ、その結果、さまざまな神経症状や精神症状を生じる。

神経症状として代表的なものに、手足のふるえ（振戦）、手足のこわばり（固縮）、動作が緩慢（寡動、無動）、転びやすくなる（姿勢反射障害）などがある。精神症状には、不眠、抑うつ、意欲や自発性の低下、認知機能の低下などがある。

根治療法はなく、薬物療法をはじめとする維持療法が中心で、そのほかに深部脳刺激法などの外科療法、リハビリとして運動療法が行われている。日常生活に大きな支障をもたらす歩行障害に対しては、薬物療法が行われる。しかし、一九九〇年代に米国コロラド大学の音楽学の教授マイケル・タウト[13]は、音楽のリズムに合わせて歩行練習をする音楽療法を開発し、その有効性を証明した。彼は、この療法をリズム性聴覚刺激（ＲＡＳ：rhythmic auditory stimulation）と名づけた。ＲＡＳにより、パーキンソン病患者の歩行速度がアップし、歩幅が伸び、歩く調子が一定になる。これは、音楽のリズムに合わせて歩く練習（図7－2）が、運動機能に重要な役割を担っている線条体の機能不全を代償しようとして、運動前野に神経の可塑性が生じて、小脳の活動性を亢進させることによって生じるものと考えられている。

図7－2　音楽リズムに合わせた歩行練習

認知症に対して

認知症には中核症状と周辺症状がある。中核症状として直前の行動を忘れる、人や物の名前が思い出せないなどの記憶障害、自分のいる場所や状況、年月日、人物がわからなくなる見当識障害、料理の手順がわからないなどの判断能力の低下がある。周辺症状には存在しない物を見たり聞いたりする幻覚、間違ったことを信じる妄想、徘徊、異常な食行動（食べられないものを食べるなど）、睡眠障害、抑うつ、不安やイライラ、暴言・暴力などがある。残念ながら、今のところ認知症を完全に治す治療法はない。薬物療法やリハビリを行うことで症状を軽くしたり、病気の進行を遅らせたりするのがせいぜいのところである。

そうしたなかで、最近、音楽を聴いたり、歌ったり、演奏したりすることで、認知症の周辺症状を弱めることができることがわかり、音楽療法の有効性に注目が集まっている。認知症に対する音楽療法の効果についてまとめた報告[14]によると、個人を対象に週一回の音楽療法を行う、あるいは集団を対象に一週間に数回の音楽療法という方法のどちらもで、不安や抑うつを軽減させ、暴言や暴力などの異常行動を減らすことができ、認知機能もわずかであるが改善するようである。さらに、認知症の中核症状である語想起機能（言葉を思い出す機能）、図形などを識別する視空間認知機能や言語機能にも効果が認められている。

佐藤正之[15]らは、平均年齢七八歳のアルツハイマー病患者一〇人を対象に、プロの歌手を招いて週一回一時間のカラオケ教室を開き、六カ月間、歌唱指導をしてもらった。その結果、このカラオケ教室で歌唱練習をした患者さんは、これをしていない一〇人の患者と比べて神経心理テストでみた精神運動性が増加していた。またＭＲＩ画像では、言語や単語の認知に需要な脳の右角回と左舌状回の活動が亢進していた。このように、音楽療法は認知症にも有効で、高齢者に対する認知機能の維持、亢進を目的として用いられつつある（図７-３）。

その他

音楽療法の有効性が認められているその他の例を紹介する。

ケイティ・オーヴェリーら[16]は、知的能力や一般的な理解能力などにとくに異常がないにもかかわらず、文字の読み書き学習にいちじるしい障害のある失読症の子供に、音楽のリズム訓練を行うと言葉の音の聞き分け方やつづり字能力が向上することを報告している。

また別の研究では、八歳の言語習得前の難聴児に音楽訓練を行ったところ、聴覚、音声、認知機能が高まったことが報告されている[17]。

図７－３　カラオケ教室は認知症に有効

このように、聴く、歌う、演奏する、リズムをとるなどの音楽活動が、音と関連する多くの脳領域の構造や機能を可塑性に変化させることによって、良い効果をもたらすようだ。

＊脳磁図（magnetoencephalography：ＭＥＧ）：脳の電気的な活動によって生じる磁場の変化をとらえた図で、脳波よりも脳の電気的活動を詳しく調べることができる。

＊＊事象関連電位（event-related potential：ＥＲＰ）：大脳皮質におけるニューロンの活動によって生じる電位を頭皮上の複数の電極によって計測する脳波の一種で、刺激（事象）に対する被験者の認知的態度を反映する電位変動を測定する。さまざまな認知処理に対応して特定の潜時（ある事象から出現するまでの時間）に特徴的な波形成分が出現するため、認知過程の測定に幅広く用いられている。

＊＊＊磁気源画像（magnetic source imaging：ＭＳＩ）：脳磁図と磁気共鳴画像の結果を組み合わせて脳の活動性をマップしたもので、正常および異常な活動の領域がどこにあるかを示すことができる。

第8章 バイリンガルの言語脳は二倍になるか

――語学学習は認知症予防によい

人が生まれてから長期にわたる学習と練習を積み重ね、言語を獲得していく。学習と練習を通して、言語に関係する脳部位は発達していく。右利きの人では、主要な言語機能の多くが大脳皮質の左半球で処理される。左下前頭回付近には言語処理、音声言語、手話の産出と理解にかかわっているブローカ野がある。ブローカ野は運動性言語中枢である。また左上側頭回後部付近には、他人の言語を理解する機能を有するウェルニッケ野がある。ウェルニッケ野は感覚性言語中枢である（図8-1）。

そのほか、ブローカ野とウェルニッケ野以外にも、左角回や左縁上回など多数の領域がさまざまな言語関係の処理にかかわっている。

さて今述べたことは、母国語だけ話す人たちの脳についてである。幼児期から複数の言語を

図8－1　言語中枢（右利き）

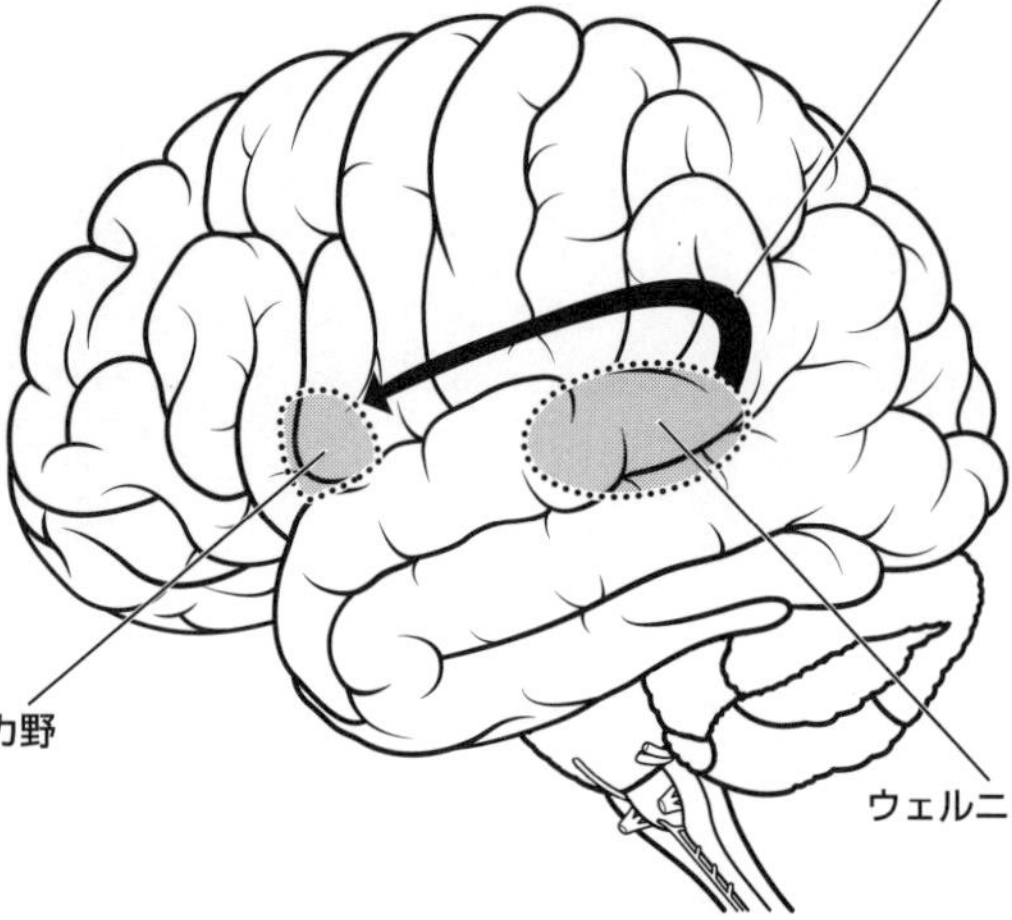

扱う人、母国語に加えてさらに他の言語も自由自在に使えるバイリンガルの人の場合はどうなのであろうか？　一般の人とは異なる脳の発達がみられるのだろうか？　バイリンガルの人には一般の人とは異なる脳の機能や構造がみられるのだろうか？　興味のあるところである。

バイリンガルは、元来、生まれたときから複数の言語を使う環境で育った人がもつ能力とされていた。しかし今では、青年期や成人してから母国語以外に第二言語を学んで、状況に応じて両者を使い分ける能力があれば、バイリンガルとされている。近年、わが国においても日本語に加えて第二言語として英語を学習し、自由に使いこなすことができるようになったバイリンガルの人が増えている。

これらの人のなかには、幼少期から英語教育を熱心に受けて獲得する人もいれば、就職に有利であるという理由で、高校や大学生の間に学習してその能力を獲得する人もいる。

二〇〇四年、ロンドン大学のアンドレア・メチェリら[1]は、バイリンガルの人にみられる脳の機能的、構造的変化を調べた。この研究で、音声の記憶、語彙学習などさまざまな言語機能に関連している脳部位の左下頭頂皮質の灰白質密度が高いこと、その程度は第二言語獲得時の年齢が五歳以下と低いほど、またその言語の熟達度が高いほど、より灰白質密度が高いことが示された。メチェリの研究を契機に、第二言語の学習による脳の機能的、構造的変化について多くの研究がされるようになった。

以下に、バイリンガルの脳に関する最近の研究成果を紹介する。

1 外国語学習で海馬が拡大

スウェーデンのマーチン・ベランダーらは、母国語以外の外国語を学習すると、脳が可塑性によってどう変化するかを研究した[2]。ストックホルムの地下鉄や大学の構内に広告を出して、一八〜三〇歳までの右利きでスウェーデン語を母国語とする人たちに研究への参加を呼びかけた。その結果、八〇人が選ばれ、このうち五四名がイタリア語の初級コースを受けた。このコースは、週二・五時間の発音練習と、それ以外の時間には単語学習の課題が課され、それを一〇週間継続するプログラムであった。そして、比較対照者に二六人の学生が選ばれ、彼らはイタリア語を学習せず、そのかわりスウェーデン語の字幕の入ったイタリア映画を鑑賞した。そしてｆＭＲＩを用いて、イタリア語学習前後の脳の構造的変化が調べられた。

その結果、最後までイタリア語の学習を続けた三三人は、平均六二〇語を獲得し、テストの平均点は二七点（百点満点）であった。ｆＭＲＩの脳画像について検討すると、イタリア語を学習した人たちの右海馬の灰白質が、学習していない人たち二三人（三人は実験から脱落）の結果と比べて拡大していた。これらの結果から、外国語を短期間学習するだけでも右海馬の灰白質が拡大することが明らかにされた。

2　バイリンガルの脳の変化

次に母国語以外に、第二言語を使いこなせる人たちの脳について調べた研究を紹介する。米国のパトリシア・クールら[3]は、米国在住で英語とスペイン語を話せる一六人と、母国語の英語のみ話す一五人の脳の白質構造をＭＲＩを用いて調べた。バイリンガルの人たちは、米国へ移住して第二言語として英語を話せるようになった成人である。

その結果、バイリンガルの人たちは、英語のみの人たちと比べて白質繊維路が異なり、それは両側性で広範囲にわたっていた。そして英語を聴いている間は、左大脳半球の前白質領域と強く相関していたが、英語を話している間は左大脳半球の後白質と強く相関していた。これらの結果から、①母国語以外の外国語に熟達すると、成人の脳においても可塑性を誘発する、②変化の程度は言語経験に比例する、③聴く、話すなどの言語体験の違いにより、異なる脳領域に強い影響をおよぼす、などが明らかにされた。

さらにバイリンガルの人では、両側の被殻と視床、左淡蒼球および右尾状核に限局して皮質下構造が拡大していた。これらのことから複雑な音韻システムによって調音プロセスのモニターに関与する皮質下のネットワークがより発達することが示唆された[4]。

3　同時通訳者の脳の変化

次に、バイリンガルのなかでも最も訓練の要する同時通訳をする人の

脳について調べられた[5]。同時通訳とは、外国語の話者の話を聞くとほぼ同時に母国語に訳出を行う形態である。これには第二言語を即座に母国語に訳す能力や、相手の発言内容をある程度予測する必要もあり、バイリンガルのなかでも最も思考や行動を制御する認知システムの働きを必要とする作業であり、最も訓練が必要とされている。

そこで長期の集中的な同時通訳の訓練により、脳がどのような影響を受けるかについて縦断的な調査*が行われた。同時通訳の専門研修プログラムにしたがい、男性一一人と女性八人の計一九人が一五カ月間にわたる訓練を受けた。彼らは平均年齢は二五歳であった。比較対照者として選ばれたのは男性七人と女性九人の計一六人で、平均年齢は二四歳であった。訓練参加者の脳の変化は、MRIを用いて同時通訳の訓練前と訓練終了期（平均一四カ月後）に調べられた。一方、対照群は何の訓練も受けずに、同じ間隔で脳の検査を受けた。参加者は、全員が多言語に堪能で、最低英語とフランス語を流暢に話せた。

同時通訳者グループでは、通訳中と音声反復（復唱）時に観察された脳反応が、専門研修プログラムの開始前と終了期に記録され、その結果が比較された。すると、同時通訳の訓練をすることで、同時通訳中には右尾状核の活動性が低下し、その部位の使用が減少していた。なぜこういう結果がもたらされるかというと、同時通訳の訓練を重ねれば重ねるほど、通訳作業が無意識に自動的になり、より少ないエネルギーで右尾状核が働き、同じ効果を生み出している

図８−２　バイリンガルの人の脳の特徴

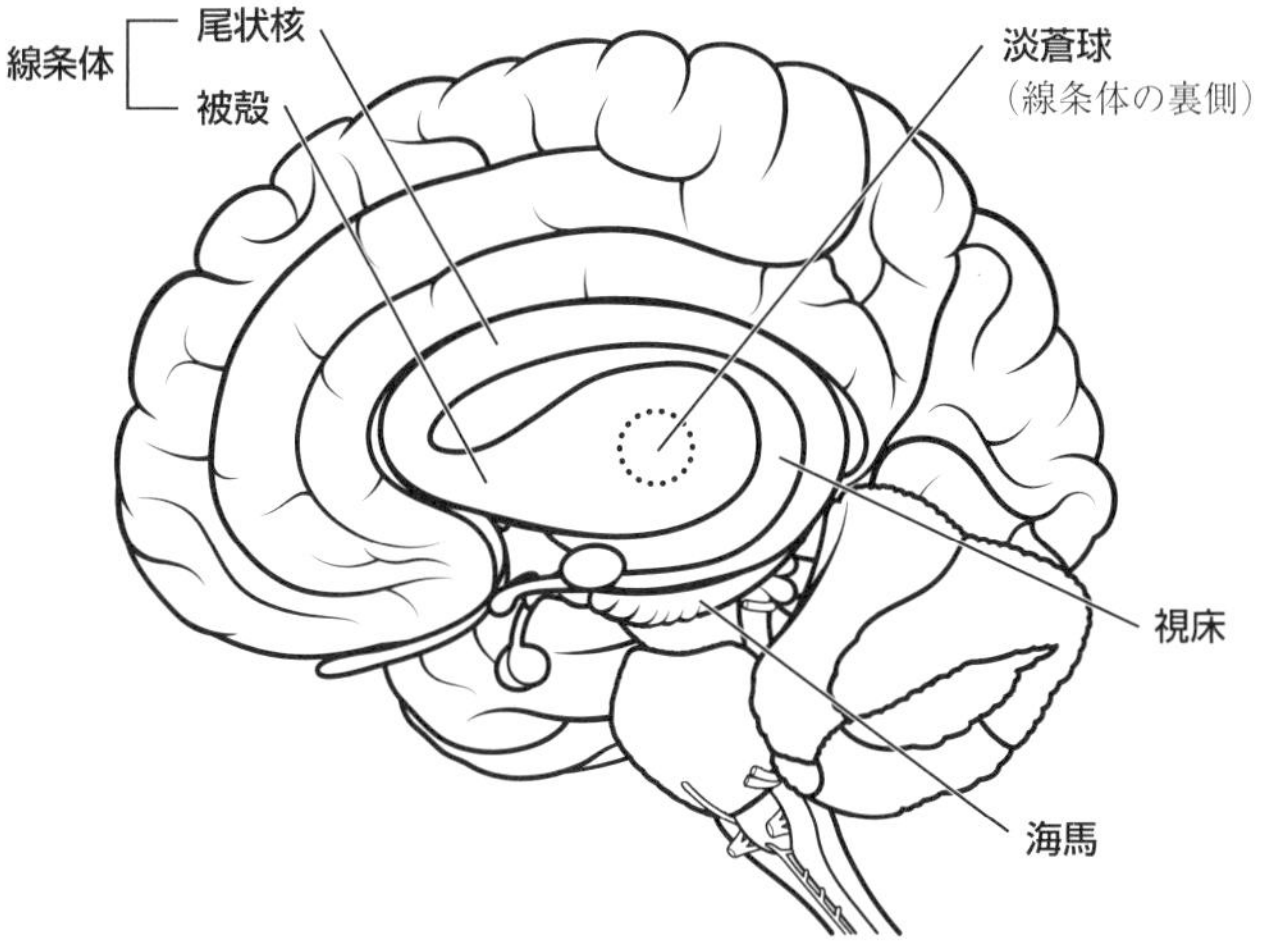

からだと考えられる。

このような変化は、同時通訳の訓練を積み重ねることによって強化される。すなわち、訓練を通じて、同時通訳の過程がよりいっそう自動化される。そして、通訳する言語の訳出処理がより効率的になり、右尾状核の少ない使用でも能力が発揮されるようになるのだ。

さらに同時通訳訓練は、言語だけでなく、運動制御の学習および注意制御、認知抑制、抑制制御、作業記憶などの実行機能に関与する脳領域の機能にも影響することが示された。これらの結果は、プロの音楽家やチェスの名人など多様な領域の専門家の右線条体が機能的および構造的に適応的な変化を示すという研究結果とも一致している。

以上の結果をまとめると、外国語を短期間学習するだけでも、右海馬の灰白質体積が増え、機能が高まる。母国語以外に第二言語を使えるようになると、両側の被殻と視床、左淡蒼球および右尾状核に限局して皮質下構造が拡大する（図8-2）。さらに、訓練を積んで同時通訳ができるようになると、右線条体の尾状核が機能的および構造的に変化して効率性が高まるようになる。

4 バイリンガルの人には認知症が少ない

バイリンガルの高齢者に認知症の頻度が低いことが知られている。バイリンガルは認知機能の衰えを防ぐ効果があり、認知症の発症を遅らせる効果や、脳卒中による認知機能の低下からの回復を速めることも知られている[6]。その背景として、バイリンガルの高齢者の脳において、複雑な課題の遂行に際して思考や行動を制御する実行機能に関係する左前頭前野、下頭頂小葉、側頭極などの機能が強化され、モニター作用と誤りを検知する機能と関連する前帯状皮質の灰白質が増加し、大脳基底核と左被殻の灰白質密度が高くなっていることが関連しているといわれている。

以上のことから、第二言語の学習は年齢にかかわらず、脳に良い影響をもたらすようである。年をとっても、毎日短時間でもよいから外国語の学習をすることなどで、認知能力の低下を防げる可能性がある。

＊縦断的調査：因果関係を調べるために、二つ以上の時点を調査することを縦断的調査と呼ぶ。縦断的調査には、現在から過去にさかのぼる遡及的調査と、現在から未来に向かって追跡する追跡調査の二種類がある

第Ⅲ部

習慣は「良いも、悪いも」脳でつくられる

イントロダクション

習慣とは、心で決めたことを繰り返し行っていると、少ない心的努力で自動的に行えるようになる、後天的な行動や身体的なふるまいを指す。習慣には、行動だけでなく、考え方など精神的なふるまいまで含まれる。習慣は、私たちが意識せず繰り返しているうちに形成される場合もあれば、一生懸命努力して獲得する場合もある。また止めたいと思うが、止められない場合もある。

私たちは朝目覚め、夜に眠るまでの生活の多くを、習慣にしたがって行動している。このなかには生活していくうえで望ましいものや、望ましくないもの、またその中間のものもある。たとえば、健康面に関していえば、良い習慣として、「早寝早起き」「朝食を毎日食べる」「毎日運動する」などがあり、悪い習慣として「夜更かしの朝寝坊」「夜寝る前に食べる」「暴飲暴食」などがある。

習慣は年齢を重ねるにしたがって数が増えていき、変えることが困難となり、性格のようになる。このようなことから、「はじめに人が習慣を作り、それから習慣が人を作る」（ジョン・ドライデン）、「習慣は第二の天性である」（モンテーニュ）、「習いは性となる」（『書経』）などの箴言《しんげん》の類が生まれた。毎日の生活において、良い習慣をいかに多く身につけるかで、人生が決まるといっても過言ではない。

しかし、「良い習慣を身につけるのはむずかしく、身につけても取れやすい。一方、悪い習慣は身につきやすく取れにくい」といえる。これは、「筋肉はつきにくく取れやすいが、ぜい肉はつきやすく取れにくい」のと同じである。早寝早起きなどの良い習慣を身につけるにはかなりの努力を必要とするが、止めるのは簡単である。一方、先延ばし癖など悪い習慣は、努力しなくてもすぐに身について、これを止めるにはかなりの努力を必要とする。

そのため、「良い習慣を身につけるにはどうすればよいのか?」「悪い習慣を止めるにはどうしたらいいのか?」といったことについて自己啓発本が多数出版され、あたりはずれなく売れ、なかにはベストセラーになる本まである。

一方、習慣とよく似た行動として、強迫行為や嗜癖がある。

強迫行為とは、ばかばかしい、不合理だとわかっていながら、ある行為を何度も繰り返さざるを得なくなる行為のことで、確かめ癖、潔癖、爪かみ癖、髪の毛を抜く癖などがよく知られている。

嗜癖とは、医学的にある特定の物質(タバコ、アルコール、覚せい剤など)を繰り返し使用し、身体や精神的な害が生じるに至っても止められない、いわゆる依存症の状態を意味している。

嗜癖には、もう一つ「あることを好きこのんでする癖」というものがある。これが高じて病的な状態に至ることがある。すなわち、ある特定の行動や一連の行動を繰り返して行い、その過程に依存してしまい、自分で止めるのがむずかしくなるのである。この状態を行動嗜癖と呼び、現在注目されている。行動嗜癖にはギャンブル、インターネットゲーム、リストカット、買い物、窃盗癖、過食や嘔吐などが含まれている。筆者は、摂食障害に陥る人たちの行き過ぎたダイエットもこれにあたるのではないかと考えている。

最近の神経科学の進歩によって、習慣形成の脳内のしくみについて、さまざまなことが明らかにされてきている。強迫行為を症状とする強迫症や、行動嗜癖であるインターネットゲーム依存などの人の脳内で起こる異常についても明らかにされてきている。これらはいずれも脳の大脳皮質-基底核ループの神経回路が関係していることがわかってきた。

そこで第Ⅲ部では、まず習慣形成の神経回路に関する近年の知見を紹介する。ついで強迫行為、ダイエットや過食、インターネットゲームなどを長期間繰り返し行っていると、脳が機能的かつ構造的に変化することを示す。そして、これらのなかの一部の人たちは、摂食障害、強迫症、ゲーム依存などを発症するリスクが高いことを説明する。

第9章 習慣はどのように形成されるか
——長く続けるほど深く身につく

習慣は心理学的には、反復により習得し、少ない心的努力で繰り返せる固定した行動とされている。しかし脳内の神経回路を研究するためには、自動的に繰り返す行動をすべて習慣として取り扱うのでは、あまりにも漠然としており、より厳密な定義がもとめられる。アン・グレイビールは、「習慣」を以下のように厳密に定義している[1]。

第一に、習慣とは、多くの場合、学習によって獲得されるものであり、経験に依存した柔軟性によって獲得される。第二に、習慣的な行動は数日から年余にかけての繰り返しによって生じ、いちじるしく固定している。第三に、完全に獲得された習慣は、ほとんどの場合、自動的、無意識のうちに、他に注意を集中させていても生じるものである。第四に、習慣は順序だって構成された一連の行動で特定の状況または刺激によって誘発される。第五に、習慣には日常の考え方や運動表現も含まれる。

このように、習慣とは逐次的で反復的なものであり、運動または認知的行動であり、内外の刺激により誘発され、一度生じると意識しないで最後まで行えるものであるという特徴をもつ。これらの基準を満たした習慣と脳の機能および構造との関連については、多くの研究が行われてきた。ここでは、この分野の最近の研究結果をまとめた総説[(2)(3)]に沿って説明する。

1 習慣形成の神経回路

習慣と脳の神経回路との関係に興味が集まったのは最近のことである。ある刺激に対してある特定の行動が生じ、ある特定の結果を招くという流れがあるとすると、習慣とは、ある刺激に対してのある特定の行動が、特定の結果を生じなくても、繰り返される状態であると神経科学的には定義される。

たとえば、箱の中にラットを入れ、ラットがレバーを押すと餌が出るようにしておくと、ラットは餌を得るという目標を達成するために、レバーを押すことを学習する。これを何度も反復していると、ラットは、餌を取ることを考えるまでもなく、つまり認知の影響を受けずとも、無意識にレバーを押すようになる。

しかしその後の実験で、ラットがレバーを押しても餌の量が少なくなり、ついにはまったく出なくなると、これに敏感に反応して、レバー押しの行動が減少することが観察されている。これらのことから、ラットのレバー押しは、ある段階までは認知の影響下にあり、意識的に行われる行動であると考えられる。つまり、ラットのレバー押し行動は、餌を得るという目標を達成できることを学習したうえで生じる、目標指向性行動である。すなわち、目標に敏感に反応して意識的に行われる行動である。

ところが、これを長期間繰り返していると、目標としての餌を減らして最終的に無しにしても、ラットはレバーを押す行動を繰り返すようになる。つまり、最初のうち目標を目指した目標指向性の行動で始まったとしても、これを長期間繰り返していると、刺激に対する行動が反射的になり、ついには結果や目標に依存しない行動に移行して刺激–反応性の行動、すなわち習慣性行動が形成されるのである。

習慣性行動が形成されるときの脳の仕組みについては、吉田純一ら[2]がまとめているので、彼らの研究に沿って説明する。図9–1は習慣形成の神経回路を示したものである。目標指向性行動は、大脳皮質と大脳基底核、視床からなる大脳皮質–基底核ループの活動が重要である。これには、連合野ループと感覚運動野ループがあり、これらが行動の獲得と制御に重要な働きをしている。そして、目標指向性行動が獲得される初期の段階には、前頭前皮質から連合野系

図9-1　習慣形成の神経回路[2]

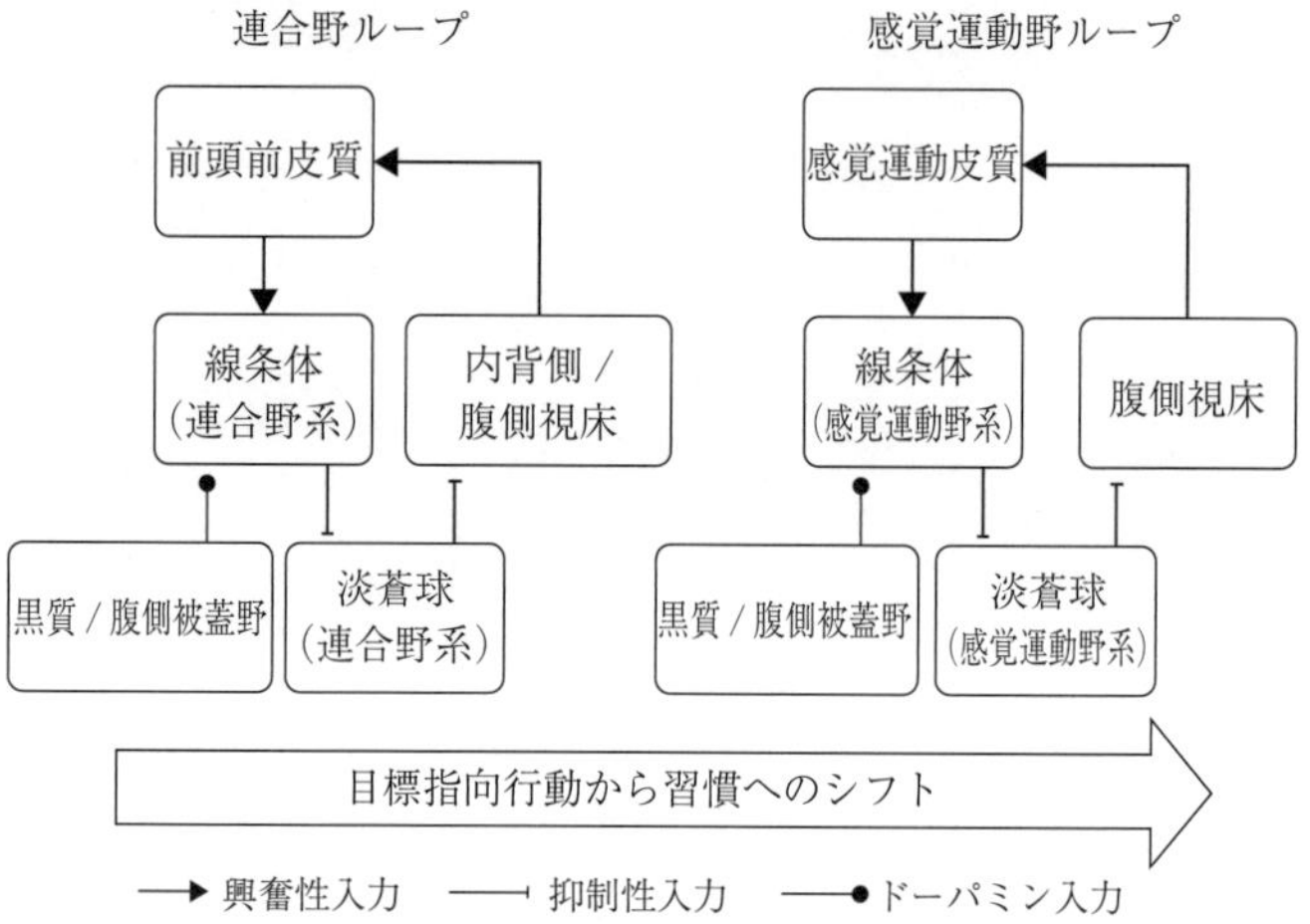

の線条体の尾状核（げっ歯類では背内側線条体）への神経回路が重要である。一方で、感覚運動皮質（体性感覚皮質や運動皮質からなる）から感覚運動野系の線条体の被殻（げっ歯類では背外側線条体）への神経回路である感覚運動野ループが、習慣行動の形成と持続に重要である。

報酬を求めての目標指向性行動が獲得されるには、最初のうちは連合野ループを中心とした神経回路が働く。そして、長期間同じ行動が繰り返され、刺激-反応性行動との結びつきが強くなり、行動が習慣化されるにしたがって、感覚運動野ループが働くようになる。しかし、この移行の仕組みについての詳細は、いまだ不明な点が多く、今後の研究課題とされている。

2　複雑な習慣の獲得

習慣には、単一の行為からなる習慣もあれば、さまざまな行為の連鎖を含む複雑な習慣もある。大脳基底核の神経活動の顕著な特徴の一つに、無目的で変わりやすいさまざまな行動のなかから、それぞれお互いに関連したものを一つのユニットとしてまとめて（チャンキング*）、密接に関連した一つの行動パターンをつくるという機能がある。

これについては、ラットにT字型の迷路を走らせる一連の研究で明らかにされた。ラットが正しい道を選択した場合には、ゴールで報酬（餌）を受け取り、そうでなければ何も受け取らないという作業を数週間繰り返していると、ラットは正確かつ迅速に道を選択し、ゴールに到達して餌を受け取ることができるようになる。ラットはこの作業を数週間で学習する。その後も訓練を繰り返していくと、ラットは餌に対して敏感に反応する状態から、餌を減らしても、さらに餌を無くしても、その行動を繰り返して行うようになる。

すなわち、小さな行動がつなぎ合わされ、開始と終わりの明確な特徴をもった一つのまとまりのある習慣行動として統合される。これを行うのがラットの背外側線条体で、習慣行動の維持に努めている。おどろくべきことに、このような活動は、習慣が獲得されるかなり早い段階から始まっている。

ラットの実験からわかることは、脳が状況に応じて、より柔軟な意思決定を促進できるように構築されており、将来の状況変化に適応するために、新しい習慣を形成できる可能性を残しているということである。さらに重要なことは、この背外側線条体での習慣行動の形成と維持は、他の多くの行動様式とは比較的独立しており、安定しているということである。

しかし、このような習慣行動の形成と維持は、すべての目標が価値を失ったとき、すなわち餌が取り除かれたとき、また得られた結果が期待される結果から明らかに異なる場合（食べられない物が出てくるなど）には、徐々に崩壊していく[3]。

以上のことを参考にして、良い習慣を形成するにはどうしたらよいのかについて考えたい。

第一に、まず良い習慣を形成するための目標を明確にすることである。何のために良い習慣を形成するのかが明確でないと、動機づけが弱くなり、努力が長く続かない。

第二に、習慣化したい一連の行動を小さい簡単な行動単位に分けることである。その小さな簡単な行動を毎日短時間行い、確実に行えるように習慣化する。そして、これらの小さな簡単な習慣を一連の習慣としてつなげていき、例外を設けず毎日行うようにする。小さな習慣ほど、短期間で習慣化され、複雑な習慣ほど習慣化されるための期間は長くなる。習慣化には、少なくとも三カ月間くらいが必要であるいわれている。そして、長く続ければ続けるほど習慣の神経回路が強化され、より楽に行えるようになる。

以下に、現代の神経科学的知見に支えられた習慣の形成に関する箴言を紹介する。

・習慣を変えるには、ささやかな事から着手せよ。（アーノルド・ベネット、英国の小説家・劇作家）

・習慣は繰り返しによって形作られていくものである。したがって何より重要なのは具体的行動である。（ジョセフ・マーフィー、米国の著述家・宗教家）

・どんなに面倒くさくてもただひたすら毎日、例外なく規則的に繰り返していれば、まちがいなく楽しいものになる。すべて習慣とは、このようにして形成される。（ジョン・トッド、米国の著述家・牧師）

一方、悪い習慣を止めるにはどうしたら良いのか。これには、悪い習慣、止めたい習慣と両立しない新しい習慣に置き換えることである。これについても箴言があるので紹介したい。

・悪い習慣を改めようとするよりも、新しい良い習慣を身につけなさい。（ジョセフ・マーフィー）

・われわれは消極的に悪い習慣を捨てようと努力するよりも、むしろ常に良い習慣を養うように心掛けねばならぬ。（カール・ヒルティ、スイスの法学者・文筆家）

＊チャンクとは、心理学者ジョージ・ミラーの提唱した概念で、人間が情報を知覚する際の「情報のまとまり」を指す。ミラーによれば、人間が一度に覚えられるチャンクの数には限界があり、「7±2チャンク」とされる。そして複数のチャンクをグループにして、より大きな一つのチャンクにまとめることで、知覚・記憶する情報量を増やすことができる（これをチャンキングと呼ぶ）。

第10章　確かめるのもほどほどに
――子供時代の確かめ癖は大人の強迫症に発展するか

鍵がかかっているかどうか気になって何度も確かめる。ガス栓や水道栓を閉め忘れたのではと、気になって何度も確かめる。電気のスイッチを切ったかどうかが気になって何度も確かめる。これらは、大丈夫と思っていても心配で、確認を何度も繰り返してしまう確かめ癖である。このような確かめ癖は、「もしや」という不安を解消して、自分に迫る危険を防止するための行為で、生活上必要なものである。

確かめ癖があっても、日常生活で支障をきたさなければ、たんに慎重な人、用心深い人といわれるだけで、病的な状態とはいえ

ない。しかし、確かめ癖も度が過ぎて、日常生活や社会生活に支障をきたすようになれば、強迫症（強迫性障害）と診断されて、治療の対象となる。生真面目で几帳面、細かくて神経質、柔軟性に乏しくこだわりが強い、規則を重視し、完全主義的な性格傾向をもつ人は、強迫的な性格といわれ、このような性格傾向の人に確かめ癖が生ずると、強迫症になりやすいといわれている。

前章では、「習慣」を、心で決めた行動を繰り返し行っていると、良い悪いにかかわらず、少ない心的努力で自動的に行えるようになる状態であると定義した。そして、習慣を形成する神経回路について説明した。

習慣と確かめ癖は似ているところが多い。どちらも同じことを繰り返すのが特徴の一つで、繰り返せば繰り返すほどその行動が強化され、より自動化されることも共通している。このようなことから、確かめ癖などの強迫症状と習慣との関係は、強迫症の病因や病態を解明するうえで重要であると考えられ、多くの研究が行われている。

本章では、日常生活に支障をきたしていない、つまり病的といわれるほどになっていない程度の強迫症状と脳の関係について、子供を対象にした研究を紹介し、ついで大学生の病的でない強迫症状と習慣性行動との関係についてみる。そして、最後に強迫性と習慣性行動との関係について、脳の神経回路からみた研究を紹介する。

1　子供の強迫症状と脳

小児期に強迫症状を強く示し、強迫性の強い子供たちは成人期になって強迫症を発症するリスクが高いことが報告されている。(1) 強迫症状が病的かどうかを判断するのは、症状の強さによる生活面における支障の程度だけによる。このようなことから、病的でない強迫症状も病的な強迫症状も、同じ脳領域が関係しているものと考えられている。したがって、子供時代の強迫症状が病的なレベルに達していなくても、成人の強迫症の前駆症状ではないかと考える研究者たちもいる。

スペインのマリア・スニョルら(2)は、健康な子供について病的でない程度の強迫症状と脳の状態について調べた。バルセロナ市にある小学校三九校から一五六四家族を募り、そのなかから身体と精神面に病気のない八〜一二歳の二六三人の子供たちが研究に協力した。二一項目からなる自己記入式の質問票によって強迫症状の程度が評価され、脳についてはＭＲＩで各脳領域の白質と灰白質の体積が測定された。そして解析可能な二五五人の結果について、強迫症状と脳の各領域の白質と灰白質の体積との関係についての検討がなされた。

その結果、次のような傾向があることがわかった。

・ある物をきちっと所定の位置に置かないと気がすまない整理癖の傾向のある子供たちは、両側性に側坐核や前帯状皮質膝下部に進展している腹側尾状核の灰白質量が少ない傾向を示した。

・物を集めたがる収集癖傾向の強い子供たちは、左下前頭回の灰白質および白質体積量が多い傾向を示した。

・「考えないように、考えないように」と努力しても、つぎつぎと不合理な考えが浮かんでしまう強迫観念が強い傾向の子供たちは、右の側頭極の灰白質および白質体積量が少ない傾向を示した。

・疑い深く、何でも自分で確認しないと気がすまない疑惑-確認癖傾向のある子供たちは、右下前頭後頭束および脳梁における白質量が多い傾向を示した。

これらの脳領域は、強迫症にみられる脳部位の機能異常と関連していることから、子供がこのような癖を長期にわたって持続させていると、これらに関係している脳領域に構造的、機能的な変化を生じて、将来において強迫症を発症するリスクが高まるのではないかと考えられる。

2　強迫症と習慣との関係

米国のアイバー・スノラソンら(3)は、健常な大学生一〇五人を対象に調査を行った。被験者には、うつや不安などの精神症状とストレスの程度を評価する二一項目からなる質問票と洗浄、整理整頓、確認、強迫観念などの強迫症状を評価する自己記入式の強迫症状評価票がわたされ、各自に記入してもらった。そして、目標や報酬を求めて結果を得ようとする目標指向性行動が強いか、目標や結果に左右されず、意識しなくても自動的に行える刺激反応性の習慣性行動が強いかを調べるために開発されたコンピュータゲームであるフェイブロス・フルーツゲーム（the Fabulous Fruit Game）を実施した。

実験参加者のなかで、脳に何らか影響する可能性のある薬物を服用していた一二人を除いた九三人の結果について、強迫症状の強さと目標指向性行動や刺激反応性の習慣行動との関係が検討された。その結果、強迫症状の得点が高い人ほど、ゲームのなかで刺激反応性の習慣性行動を多く示した。この結果、病的でない強迫症状でも、習慣性行動において重要な働きをする前頭前野-背外側線条体の神経回路が関与している可能性が示唆された。

強迫症は、（前頭）皮質-線条体-視床-（前頭）皮質回路（CSTC回路）（図10-1）の異常に起こ

図10-1　強迫症が関係していると考えられる神経回路

皮質－線条体－視床－皮質回路（CSTC回路）

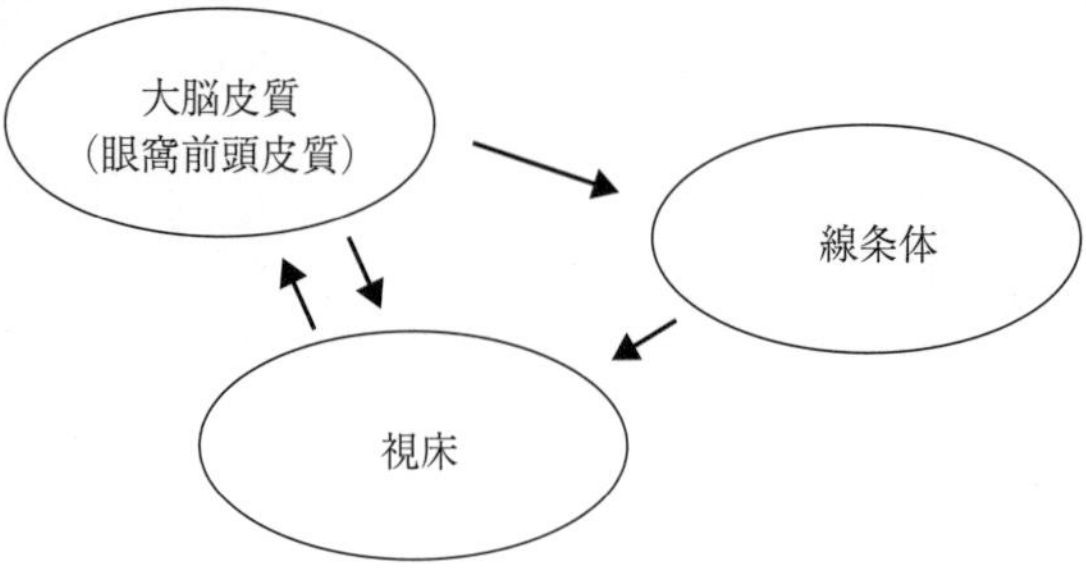

るという、いわゆる前頭-線条体モデルが提唱されている[4]一方、強迫症の患者は行動の結果から報酬または価値が得られないにもかかわらず、たとえば三回確認して間違っていなくても安心できず、同じ行動を際限なく繰り返して日常生活に支障をきたすことが知られている。

そこで、こうした行動が、目標指向性行動を支えている脳領域の機能障害によって起こるのか、刺激反応性行動を制御する能力に欠陥が生じて過剰な習慣性行動が導かれるのかが検討された。

その結果、強迫症は内側眼窩前頭皮質と尾状核の機能異常に関連しており、習慣性行動に重要な関係があるとされる被殻（背外側線条体）との関連はみられなかった。尾状核は、背内側線条体に位置して目標指向性行動に関連しており、強迫症は目標指向性行動のコントロールの破綻によって起こるのではないかということが示唆された。しかし、一方で刺激反応性行動を制御することに失敗することで、過剰な習慣性行動が起こり、強迫性が発症するという可能性も議論されているが、結論を出すまでには至っていない[5][6]。

これらのことを考えると、確かめ癖や潔癖症的な傾向が強くて、日常生活においても支障をきたしがちな人には、完璧を目指さない、多少いい加減でもよい、結果ばかりを気にしない、ということを噛んで含めて諭さねばならない。三回確かめてオーケイならば、もうそれ以上確かめないという規則を自分でつくって実践することなどが必要だ。「確かめ癖もほどほどに」である。

第11章 ダイエットで脳も変わる
——拒食症・過食症の脳内メカニズム

今日、日本の国民は、男女を問わず老いも若きも、大なり小なりダイエットによって体重をコントロールしているといってよいだろう。ダイエットをする目的は、健康の維持、運動能力の向上、美しくなるためなど、さまざまな理由がある（表11-1）。

健康上の理由として第一にあげられるのが、肥満防止である。肥満になると、糖尿病、高脂血症、痛風、高血圧、心疾患など種々の生活習慣病に罹患しやすくなる。またダイエットが競技能力を高めるために欠かせない人、容姿が採点に影響を与えるスポーツや体重別階級のスポーツをやる人もダイエットに励む。さらに、美容上、スリムな体型を目指してダイエットに励む人もいる。こうした人のなかには、食欲という本能に抵抗して、強い空腹感に耐え、極端なダイエットに励む人もいる。こうした極端なダイエットは、とくに若い女性のなかに、神経性やせ症や神経性過食症などの摂食障害が増える大きな要因の一つになっている。

「ダイエット（diet）」は、もともとたんに食事とか、食習慣という意味であるが、今日では、ダイエットというと、美容目的や健康維持のために、食事の量や食物の種類を制限して、体重増加を防ぐ、体重減少を促すことを指すようになっている。一方、これとよく似た言葉に「摂食抑制」という言葉がある。摂食抑制とは、体重増加の防止や体重減少を促すために、食物摂取量を制限する意志をもって毎日の食生活を送ることを指す。このなかには、実際には食事量やカロリー摂取の制限に成功していない場合も含まれている。

本章では、意志をもって摂食を抑制している人の脳の状態についてみる。ついで、食事量や食物の種類を制限して、カロリー制限している人の脳の変化についてみる。そして、とくにカロリー制限によって神経性やせ症（拒食症）に陥った人の脳にどのような変化がみられるのか、そして、最近注目されている拒食症の発症に関する「習慣モデル」仮説を検討する。さらにダイエットの反動によって起こる過食や、食物嗜癖によって起こる過食などについて説明する。

表11-1　ダイエットを行う理由

1. 健康	肥満防止
2. 運動	競技能力を高める、体重階級制
3. 美容	スリムな体型への願望

1　摂食抑制がかえって過食をもたらす

体重を増やさないこと、または体重を減らすことを目的に、食事の摂取量の制限を心がけながら毎日の食生活を送っていると、実際にはそれほど体重が減少していなくても、脳に影響が出るという研究結果が発表されている。Y・スゥーら[1]は、中国の重慶市の南西大学で、過去に摂食障害を経験していない健康な女子学生一五〇人と男子学生一〇八人について調べた。学生たちは全員右利きで、平均年齢二〇歳であった。

食べる量を抑制している程度を測るために、学生たちに一〇項目からなる自己記入式の摂食抑制度評価票をわたし、摂食抑制の頻度、食事へのとらわれ、過食行動、体重などを記入してもらった。さらに、学生たちの脳の灰白質量がMRIを用いたボクセルベースの形態計測によって調べられた。その結果、摂食抑制度評価票で高得点の学生たち、すなわち日常生活で摂食抑制の傾向が強い学生たちの脳において、大食いや過食と関連する脳領域（左島皮質、眼窩前頭皮質など）の灰白質が増加し、一方で、これを抑制するように働いている脳領域（左右の後帯状回）の灰白質量が減少していた。

D・ドォンら[2]は、BMI20〜25の健康な女子大学生五〇名の摂食抑制の強さを摂食抑制度評価票によって評価し、この結果と一年後のＢＭＩと安静時ｆＭＲＩによる脳の機能的変化との関係について検討した。すると、実験開始時に摂食抑制が強かった女子学生ほど、一年後に食物に対する期待と評価に関連している脳領域（眼窩前頭皮質、腹内側前頭前野）の活動性が高まっていることがわかった。その一方で、それを抑制するように働いている脳領域の活動性が低下していた。

これらの結果は、摂食抑制を続けていると摂食をコントロールしている脳領域の構造や機能的変化を生じて、かえって大食いや過食に陥るリスクが高まる可能性を示唆している。このように、体重が増えないように摂食量を減らそうという思いにとらわれて毎日生活しているだけで、実際にはそれほど体重が減少していなくても脳の構造や機能的変化が生じ、かえって大食いや過食を生じやすくなる可能性がある。

このことは、おいしいが食べると太ってしまうと考えて、食べないようにがまんしても、がまんしすぎると、気がゆるんだ拍子に、大食いしてしまうという、ありがちな現象を説明しているように思われる。

2 カロリー摂取制限による脳の変化

ここでは、短期間の断食が脳にもたらす機能的、構造的変化と、長期のカロリー摂取制限が脳にもたらす機能的、構造的変化の双方について、C・カワツドゥワら[3]がまとめたこれまでの研究結果を紹介する。

八〜二四時間の断食が脳におよぼす影響

八〜二四時間の断食後に、食べ物の写真をみるなどの食物刺激を与えると、食物摂取に関係するすべての脳領域の反応性が高まった。すなわち、食物に対する視覚性注意と記憶に関連する脳領域（海馬、紡錘状皮質、視覚野）、食物の好みや食物から得られる快楽と関連する脳領域（眼窩前頭皮質、島皮質、腹側線条体）、身体の栄養状態に応じて食物を欲する状態に関連する脳領域、すなわち食物報酬の見積もりに関連する脳領域（側坐核、腹側線条体、扁桃体、前帯状皮質）と視覚的注意と記憶に関連する脳領域（海馬、紡錘状皮質、視覚野）、さらに摂食行動を遂行する脳領域（一次性運動野、前運動皮質）といったさまざまな領域で、反応性が高まった。

これらは、私たちが一回の食事を何らかの事情で抜くと、その後、空腹感に襲われ、頭の中が「食べたい」という欲求で満たされ、食べ物を思い浮かべ、それらの食べ物を探しまわって食べたくなるという心の状態になることを見事に説明している。断食後に起こる脳の状態は、摂食抑制を行っているときの脳の状態と重なっているといえよう。

三カ月間以上のカロリー制限による脳への影響

一日の摂取カロリーを八〇〇～一五〇〇kcalに制限して三カ月間以上、この生活を維持した場合はどうなるだろうか。すると、食べ物の写真をみせるなどの食物刺激に対して、エネルギー貯蔵がなくなったことで、食べる動機を高め、エネルギー・バランスを調整しようとする脳領域（側坐核、腹側線条体、扁桃体、前帯状皮質）の反応性は抑えられていた。一方で、食べ物の好みや食べることへの快感を求める快楽性摂食調節に関係している背外側前頭前野と下前頭回において、食物刺激に対する反応性が高まっていた。これらのことから三カ月間以上のカロリー制限を継続すると、少ないカロリー状態に身体が慣れて、空腹感が抑制される。一方、食べ物の好みや食べることへ快感を決める脳領域のほうは活発になるようだ。

これらのことは、次に紹介するように六カ月間のカロリー制限で、「好きな食べ物への関心が増し、会話や読書や白日夢の主題となり、一日中食べ物や食べることを考えるようになる」ときの脳の状態を反映しているのではないかと考えられる。

六カ月間のカロリー制限による精神や行動の変化

今から約七〇年前の一九五〇年、ミネソタ大学のアンセル・キーズ博士らは、実験参加に志願した健康で精神的に異常のない若い男性三六人を対象に、半年間にわたる半飢餓実験を行った(4)。

志願者は最初の三カ月間、普通に食べ、行動やパーソナリティや摂食行動の変化を詳細に調べられた。そして次の六カ月間は食物摂取量を約半分に制限された。その結果、体重は平均して約二五%減少した。その後三カ月間、リハビリとして徐々にもとの食事に戻されていった。うち四人は半飢餓期の途中で脱落したため、三二人のみの結果が報告された。飢餓実験期間中の摂食態度や行動についてみると、好きな食べ物への関心が増し、会話や読書や白日夢の主題となった。そして一日中食べ物や食べることを考えて、日常行動に集中することが困難になっていった。さらに性的関心や日常活動への興味が減少していった。リハビリの三カ月間においても、このような傾向が続いた。そして何人かが節食を守りきれずに、大食いをして後悔したことなどが報告されている。また、多くの人が大食い後に消化器症状として、吐き気や嘔吐を引き起こしていた。

感情面の変化として、うつ状態がひどくなり、身体の症状にこだわる心気症的傾向が強くなった。そのほかに、イライラ、怒りの爆発、不安、無関心などが認められた。リハビリ期間になっても、うつ状態が強くなったり、怒りっぽくなったり、論争的になったり、否定的になったりする人たちもいた。社交的であった人が、ユーモアや連帯感が減って、徐々に引っ込み思案になったり、孤立したり、引きこもりの兆候を示した。性的関心は減少し、女性との接触も減っていた。しかしリハビリ期間を過ぎた五カ月後には、性的興味は回復した。

実験参加者たちは、集中力、注意力、理解力、そして判断力が減じたと報告したが、知能テストでは知的能力の低下は認められなかった。

この実験でみられた多くの精神的変化は、神経性やせ症（拒食症）患者によくみられる変化であり、この半飢餓実験で有名になった。現代では、このような危険で非人道的な実験は行えないので、飢餓状態の脳において、どのような機能的、構造的変化が起こるかは不明である。しかし、今述べたような精神的、行動的変化がみられたとすると、脳もかなり影響を受けているものと考えられる。

そこで次に、長期間にわたって摂食量を減らすことで、低体重や低栄養状態に陥るばかりか、さまざまな精神症状や行動異常が生じ、さらに身体合併症まで起こす拒食症患者の脳の状態についてみることにする。

3　拒食症患者に起こる脳の変化

拒食症は、思春期から青年期の若い女性に好発し、治療がむずかしいことで知られている。拒食症は、強いやせ願望や肥満恐怖などのために摂食制限や不食が常態化し、その反動としての過食をきたす。こうして、いちじるしいやせとさまざまな身体・精神症状が生じる一つの症候群である。身体症状としては、低体重、無月経、徐脈などがあり、低栄養状態に陥ることによって、血液障害や肝機能障害などさまざまな二次的な身体合併症が生じる。精神症状としては、やせ願望や肥満恐怖、やせ状態の否認、不安や抑うつ、強迫症状などがあり、認知面においては、注意力・集中力の欠如、反応時間や認知スピードの低下などが生じる。そして行動面においては、拒食や過食などの食行動異常、嘔吐や下剤乱用などが引き起こされる。

神経画像的研究の進歩にともなって、拒食症が長期にわたることでもたらされる栄養障害とやせ状態の持続が脳におよぼす影響や、拒食症の原因を追究するために脳に生じる機能的、構造的変化が注目され、研究が行われている。

J・ザイツら[5]は、青年期と成人期の拒食症患者を対象に、急性期および回復後に生じた脳の形態的変化を、MRIを用いて調べた多くの研究結果のデータを収集・統合し、統計的方法に基づくメタ解析を行った。

このメタ解析には、二〇一六年までに発表された急性期の低体重時についての研究が四七三件、体重が回復して短期間後の状態についての研究が二一件、長期間回復した状態についての研究が二九件含まれていた。

その結果、急性期の拒食症患者では、灰白質および白質の体積が全般的に減少して、健常者より小さくなっていることがわかった（図11-1）。そのなかで、青年期の急性期患者は、白質では成人と比べて差を認めなかったが、灰白質ではより多く減少していた。そして、体重を回復して短期間後の患者では、青年期および成人ともに灰白質と白質の体積減少の改善は十分ではなかった。しかし、体重が回復して一・五～八年後の成人では、健常人と差がないほど灰白質と白質の体積減少が改善していた。一方、青年期の患者では長期の追跡調査のデータが少なく、明確な結論を得られなかったとしている。このように、青年期の患者では、体重が回復しても白質体積の減少が改善しない可能性もあるようだ。

図11-1　脳の萎縮

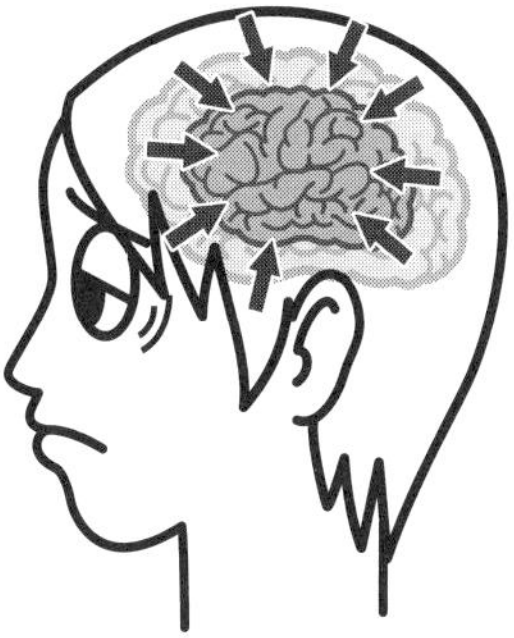

拒食症の患者では脳の灰白質や白質の体積の減少がみられる

4　拒食症の習慣モデル

拒食症患者が、病的な低体重や低栄養状態に陥り、体力低下や身体的に虚弱に陥っているにもかかわらず、食物やカロリー制限を継続させるのは、過剰な習慣行動によるという「拒食症の習慣モデル[6]」が提唱されている。

若い女性がダイエットを始め、減量を達成し、そのことで喜びや満足を感じる。周囲の人から、スリムになったと称賛され、注目される。目標を達成できたことで、自分の自制心の強さを誇ることができる。場合によっては、病的にやせることで、本来やるべき役割から離れられる（受験勉強をしなくてよい、仕事を休めるなど）。――これらのことは、無理なダイエットがもたらす報酬と考えられる。減量やそれによってもたらされる報酬（目標）を達成するために、ダイエットが継続されているとき、目標指向性行動にかかわる（眼窩）前頭皮質、尾状核（背内側線条体）、視床の大脳皮質-基底核ループの神経回路が活発に働くことになる。

ところが、この繰り返しが頻繁にかつ長期にわたって継続されると、今度は目標達成に依存しないダイエットが自動化される（習慣化される）。すなわち、目標指向性行動の制御を失った

図11-2　拒食症の習慣モデル

食物摂取で目標指向性（報酬）行動……前頭皮質－背内側線条体回路

↓ 移行

刺激反応性（習慣）行動……前頭皮質－背外側線条体回路

結果、習慣性行動をサポートしている体性感覚皮質や運動皮質、被殻（背外側線条体）の活動性が活発になる。そして過剰な習慣行動によって、ダイエット行動が身体や精神面に悪影響が出て、心身両面で不適応が生じているにもかかわらず、悪い習慣として身についてしまい、いつまでも継続する（図11-2）。こういう状態になってしまうと、摂食制限は自動化され、努力せずに行えるようになり、栄養障害と体重減少がいっそう進むことになる。そして、脳機能の低下や異常を招いて、さらに身体や精神面が悪化するという悪循環に陥る。こうした悪循環が拒食症の習慣モデルとして注目されている[7,8]。

二〇二〇年、米国のティモシー・ウォルシュのグループ[9]は、拒食症の罹病期間と重症度が習慣性行動と密接に関連していることを報告している。拒食症と習慣性行動との関係についての研究は、今始まったばかりで、今後の発展が期待される。

5　ダイエットの反動による過食

過食とは、「一定の時間内（たとえば二時間以内）に明らかに大量の食物を摂取し、その間、摂食を自制できないという感じ（たとえば、食べるのを途中で止められない感じや、何をどれだけ食べるかをコントロールできない感じ）をともなう食べ方」と米国精神医学会の診断基準で定義されている。こうした食べ方は、相撲の力士やスポーツ選手の大食いとはまったく異なる。力士やスポーツ選手の場合は、満腹感を感じれば、それ以上食べる気がしなくなる。

本章2（「カロリー摂取制限による脳の変化」）で、摂食抑制をしたり、八〜二四時間の絶食をしたり、三カ月間以上のカロリー制限をつづけると、大食いや過食と関連する左島皮質と眼窩前頭皮質を含む脳領域の灰白質が増加して、これを抑制するようにコントロールしている左右の後帯状回の灰白質量が減少することを紹介した。

ここから、過食がもたらされる一つのメカニズムが導かれる。つまり、毎日の生活なかで、体重増加をもたらさないように、摂食抑制やカロリー制限をしていると、食物に対する渇望が高まる。そうしたなかで、強いストレスにさらされ、自分を抑える力、すなわち意志力が低下すると、大食いや過食に陥りやすい。

そして大食いや過食を犯しては、その反動で、体重増加や肥満を防ぐために、嘔吐や下剤を乱用し、翌日には摂食抑制を再開し、絶食したりする。しかし、体重は拒食症ほど減少せずに正常範囲内で変動し、過食後に無気力感、抑うつ気分、自己卑下をともなう。これが、神経性過食症（過食症）と呼ばれるものである。

過食を繰り返してしまうのは、過食している間は、さみしさ、悲しさ、怒りといった嫌な感情が発散され、悩みごとを一時的に忘れることができるからである。過食にはある程度ストレスを発散する効果があり、将来に対する不安を一時的に忘れることができ、また退屈しのぎにもなる。身体的、精神的な害があるにもかかわらず継続されるのは、そうした理由からである。そして、些細な刺激やストレスで過食は誘発され、意識せず繰り返される習慣行動となる。すなわち過食症は、最初、ストレスの発散や気晴らしなどを求めての過食だったものが、目標（報酬）指向性行動にかかわる前頭皮質-背内側線条体（尾状核）回路が活発に働くようになる。これを長期間繰り返していると、その後に習慣性行動にかかわる前頭皮質-背外側線条体（被殻）回路が活発に活動するようになり、少しの刺激で過食を生じ、止めたくても止められない習慣性行動になると考えられる。

過食や嘔吐を繰り返す神経性過食症患者では、前頭皮質-線条体回路における皮質量の減少と活動性の減少が認められている。そして過食の衝動は、眼窩前頭皮質および前帯状皮質の活動亢進および外側前頭回路からの抑制コントロールの障害によって生じると考えられている。これらは、物質乱用者にみられる眼窩前頭皮質、島皮質、および線条体の機能の変化と類似し

ている

これらのことから、神経性過食症者の過食は、行動嗜癖や物質使用障害にみられる物質依存と共通の病態と重なっていることを示唆している[10]。

6　食物嗜癖による過食

過食と嗜癖性との関係は古くから指摘されている。それは、食物嗜癖または食物依存症とも呼ばれ、ケーキ、ドーナツ、アイスクリームなどの嗜好性高カロリー食品（高脂肪、高糖質）などを食べ過ぎることを繰り返す。これらの食品を摂取することで、快感や快楽が得られるので止められなくなってしまう。その結果、体重が増えても、減量する努力を怠るので、肥満の原因の一つになる。こうした行動が、日常生活に支障をきたすまでになれば、過食性障害と診断される。

嗜好性高カロリー食品は「食べ癖」になりやすく、食品に含まれる物質に依存しているとも考えられ、薬物依存症との関係で多くの研究がなされてきた。J・P・モリンら[11]が、これまでの研究結果をまとめているので、以下に紹介する。

食物摂取によって引き起こされる快楽は、食後の報酬と嗜好性に分けられる。空腹感を満たすのは食後の報酬であり、このみの物のみ摂取するのは嗜癖性による。

哺乳類は甘味料溶液を生来的に好む。たとえばラットは、水よりも人工甘味料であるサッカリン溶液を好む。ちなみにサッカリンにはカロリーがない。だからラットはカロリーを摂るためにサッカリンをなめるわけではない。摂取すると、糖と同じように報酬系の神経回路において中心的役割を担っているドーパミン神経系である中脳の腹側被蓋野（神経伝達物質のドーパミンを放出）や側坐核の活動性が亢進して、ドーパミン放出が増加する（図11-3）。その結果、快感や幸福感が高まる。

そして、甘いものを繰り返し摂取していると、嗜癖性がより高まっていく。サッカリンのようにカロリーのない甘味料ではなく、砂糖などの甘いカロリーの高い嗜好性高カロリー食品を繰り返して長期に摂取していると、報酬を意図しなくても働く習慣性の行動に変わり、習慣性行動をコントロールしている体性感覚皮質や運動皮質、被殻（背外側線条体）の神経回路がより活発に働くようになるのではないかと考えられる。

このことを確かめるために、ラットを用いた実験が行われ、嗜好性高カロリー食品の摂取が、目標指向性行動に関係している背内側線条体と習慣性行動に関係している背外側線条体にどのように影響するかについて調べられた。

レバーを押すと甘くて濃いミルクが得られる装置を用いて、ラットに学習させた。その後、

図11-3　報酬系の神経回路

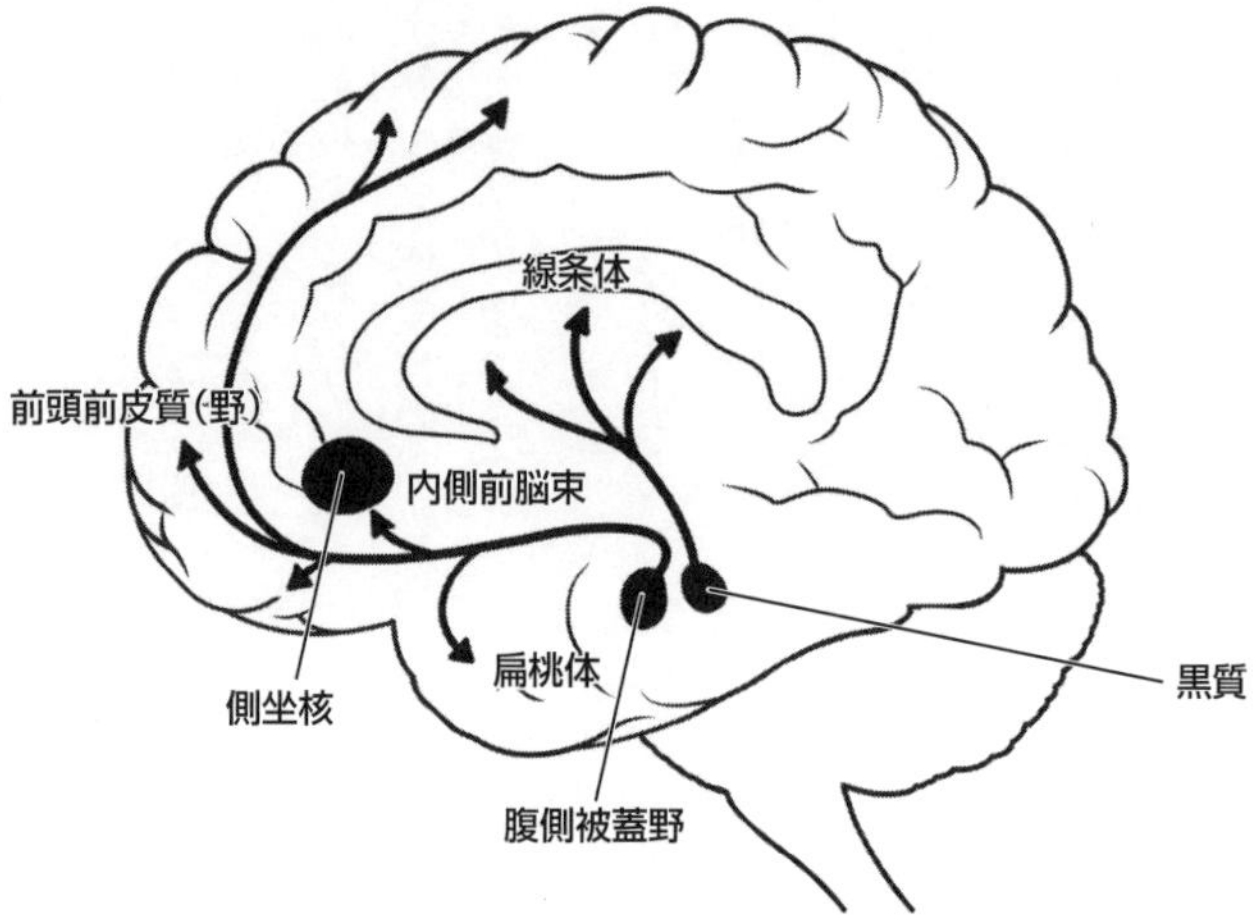

これらのラットにレバーを押さなくても甘くて濃いミルクを自由に摂取できるようにしたり、レバーを押すと嫌な刺激によって胃の調子を悪くなるようにすると、ラットはレバーを押さなくなっていった。もし習慣性行動が確立されていれば、報酬を減らしたり、なくしたりしても、レバー押しを続けるものと予想される。

実験の結果、五週間に続けてレバー押しで嗜好性高カロリー食品を摂取できることを学習したラットは、これを学習していないラットと比べてレバーを押して甘くて濃いミルクが出なくなっても、より長い期間レバー押しが続いた。この結果から、ラットがレバーを押せば甘くて濃いミルクを摂取できる行動が習慣化したものと考えられる。このときラットにおいて、習慣性行動にかかわる脳領域である背外側線条体のドーパミン活性が増強していた。さらに背外側線条体におけるドーパミンD_1受容体の拮抗作用を有する薬物を投与すると、この習慣性行動は消失した。

これらのことから、嗜好性高カロリー食品を摂取し続けると、最初は快感の報酬を求めての側坐核や背内側線条体（尾状核）が活発に働き、その後、背外側線条体（被殻）が活発になり、習慣性行動が確立されると考えられている[12]。

このように、嗜好性高カロリー食品の摂取は、生体のエネルギーの貯蔵が豊富であったとしても、快感や快楽を生じさせることから、満腹感を無視して繰り返し摂取する過剰な習慣行動、すなわち過食を導くと考えられる。

以上、摂食抑制やカロリー制限により脳が変化すること、拒食症の習慣モデル、ダイエットの反動や食物嗜癖による過食の過剰な習慣性などについて説明した。拒食症や過食症が、目標指向性行動の制御の失敗なのか、過剰な習慣性行動によるものかについて研究されているが、いまだ結論には至っていない。

これらのことを考えると、ダイエットもほどほどにしておかないと摂食障害の発症リスクを高める。また食後のデザートとして「甘いものは別腹」は、「お口一秒、腹（尻）一生」（不注意一秒、ケガ一生、の変化形）と考えて、量もほどほどにしないと肥満や過食症に陥るリスクを高めることになる。

第12章 ゲームのやりすぎで脳が変化する

――異常なのめりこみはなぜ起こるのか

今やインターネットゲーム、スマートフォンゲーム、ビデオゲームが子供や青年、成人や高齢者たちの遊び方や生活のさまざまな側面に大きな変化をもたらしている。デジタルゲームが普及しだした頃から、暴力的なゲームが若い人たちの攻撃性を誘発するとか、ゲーム依存症が増加するといった問題が指摘され、デジタルゲームの影響について多くの研究が行われてきた。そのなかで、ゲームをやることでもたらされるマイナス面だけでなく、プラス面も明らかにされている。

良い影響としては、子供や青年の注意力や集中力を高める、記憶力や思考力を高める、学習能力が上がるといった点が指摘されている。成人や高齢者においても、認知能力の向上につながることが知られている。たとえば認知の柔軟性を向上させ、視覚から入力される対象物の遠近や空間的な広がりを認知する能力を向上させ、注意・集中力が増し、記憶力や学習能力を大幅に向上させることなどが知られている（第13章参照）。

悪い影響としては、ゲームのやりすぎで、視力が低下する、運動不足になることで運動能力や体力が低下する、学業に悪影響が出る、デジタルゲーム依存に陥るなどがある。とくに子供や青年などの未成年者は、依存性の強いデジタルゲームの使用にとくに敏感で、長期間の継続的かつ反復的な使用が精神面に重大な悪影響を生じるとして、社会的な問題となっている。

1　インターネットゲーム障害

このような状況のなかで、米国精神医学会は、デジタルゲーム依存を「インターネットゲーム障害」として精神疾患の一つとして組み込み、暫定的な診断基準を作成した（表12-1）。そして、治療法を開発するために、デジタルゲームが脳にどのような影響をもたらすのかについて、たくさんの研究が行われるようになった。

インターネットゲームは、ゲームをやることで、高揚感や解放感、達成感がもたらされ、不安や抑うつを軽減することもある。そのため、ゲームをやることが常習化し、日常生活に支障をきたすようになっても、止められなくなる。このような状態をインターネットゲーム障害と

表12-1　インターネットゲーム障害の暫定的な診断基準
（米国精神医学会『DSM-5』、2013年）

病的な障害や苦痛を引き起こすほど、持続的かつ反復的にインターネットゲームを行う（しばしば他のプレイヤーと）。そして過去12カ月間内に以下の5つ（またはそれ以上）を生じる

1. インターネットゲームへの没頭（過去のゲームのことを考えるか、次のゲームを予想；インターネットゲームが毎日の生活のなかで主要な活動になる）
2. インターネットゲームを止めさせられた際の離脱症状（いらいら、不安、または悲しさなどで特徴づけられ、薬理学的な離脱の生理学的徴候はない）
3. 耐性：インターネットゲームに費やす時間が必然的に延長していく
4. インターネットゲームを止めようとしても止められない
5. インターネットゲーム以外の過去の趣味や娯楽への興味を失う
6. 心理社会的な問題を知っているにもかかわらず、過度にインターネットゲームを行い続ける
7. 家族、治療者、他者に対して、インターネットゲームを行っている時間について嘘をつく
8. 否定的な気分（無力感、罪責感、不安など）からの逃避や緩和するためにインターネットゲームを行う
9. インターネットゲームを行うために、大事な交友関係、仕事、教育や雇用の機会を危うくした、または失ったことがある

注：この障害には、ギャンブルではないインターネットゲームのみが含まれる

呼ぶ。インターネットゲーム障害は、病的ギャンブル、窃盗癖、強迫行動、過食と同じように行動嗜癖の一つに分類されている。

しかし、デジタルゲームを繰り返し行っているといっても、ほとんどの人は、気晴らし、娯楽、余暇、趣味の範疇で楽しむ程度におさまっており、生活に支障が生じることはない「通常のゲーム使用者」である。

では、なぜ一部の人たちに、身体面および精神面に悪影響が生じて、日常生活に支障をきたすのであろうか。「インターネ

ットゲーム障害者」に陥るメカニズムは、現時点ではまだ解明されていない。

以下では、これまでの研究を紹介しながら、通常のゲーム使用者とインターネットゲーム障害者との間にみられる心理社会的面での差異、そして脳の構造的、機能的変化の差異について考察する。そして、インターネットゲーム障害にならないようにするにはどうしたらよいか、手がかりを探っていきたい。

2 心理社会面の特徴

未成年者の脳や認知機能は発達途上にある。そのため、デジタルゲームの使用に敏感で、ゲーム依存になりやすいといわれている。では、インターネットゲーム障害に陥った未成年者にみられる心理的特徴はどのようなものか、彼らがゲームにのめりこむ環境要因にはどのようなものがあげられるか、彼らの脳にはどのような変化がみられるかについてみる。菅谷渚らが[1]、二〇一八年二月までにこれらの課題について発表された主な研究をシステマティック・レビューとしてまとめているので、このレビューを中心に紹介する。

米国の精神疾患診断基準であるDSM-5を用いた研究によると、インターネットゲーム障害は、未成年者の一・二〜五・九%にみられ、男性が女性よりも多い。そして、彼らは現実逃避的にゲームに没頭していき、ゲームをしている時間が徐々に延びていく。そして日常生活への支障、身体的や精神的な害もかえりみず、毎日三〜六時間ゲームを行っている。ゲームのジャンルに関しては、通常のゲーム使用者と比べて、敵の攻撃をかわしながら反撃し、敵を破壊するタイプのシューティングゲームを好み、大規模な多人数同時参加型のオンラインゲームに参加する傾向があることなどが報告されている。

心理社会面についてみると、インターネットゲーム障害者は不安や抑うつ、睡眠障害、ストレス、活動の減少、行為障害、多動、自傷行為、仲間うちの問題といった種々の問題を抱え、学業成績が低迷しがちになることなどが報告されている。これらはインターネットゲーム障害に陥る前からみられるものと、障害後に生じたものが含まれていると考えられる。家族関係についてみると、家族間の葛藤が多い、家族関係が貧弱、ゲームの使用に関するルールが緩いなどがあげられている。

一方、ネットカフェ常連のインターネットゲーム障害者に対して、質問項目をあらかじめ決めた面接による調査が行われた。その結果によると、インターネットゲーム障害に関連する心理的要因として、自尊心が低い、攻撃的でエキサイティングな体験への

強い欲求といった傾向がみられ、ゲームを行う動機は、暇つぶし、悩み・怒り・憎しみ・不信感といった陰性感情をまぎらわす一時しのぎであることが多い。そして、ゲーム上でより高いランキングに到達することへの強い執着がみられることが指摘されている。

さらに、社会的および環境的リスク要因として、ネットカフェへ容易に行ける環境、ネットカフェの積極的な宣伝活動、仲間からの誘い、家族の影響による早い年齢からゲーム体験、親の承認や監督の欠如、家族関係の悪さなどがあげられる。

3　インターネットゲーム障害者の脳の特徴

次に、インターネットゲーム障害者の脳に関する研究結果についてみる。[2] 若年成人のインターネットゲーム障害者は、安静時において前頭前皮質内側部、上側頭回、頭頂皮質、大脳辺縁系により多くの異常がみられることが指摘されている（図12-1）。

そこで、ストループテスト（色名の単語が表す色と異なる色で印字された色名の単語を読み上げるテストで、選択的注意を測定する）や、利益や損失を推測する課題を与えて、ｆＭＲＩにより脳の機能的変化が調べられた。

その結果、実行機能や報酬処理に関与する大脳皮質とその深部にある皮質下領域（眼窩前頭

図12-1　インターネットゲーム障害でみられる脳の異常部位

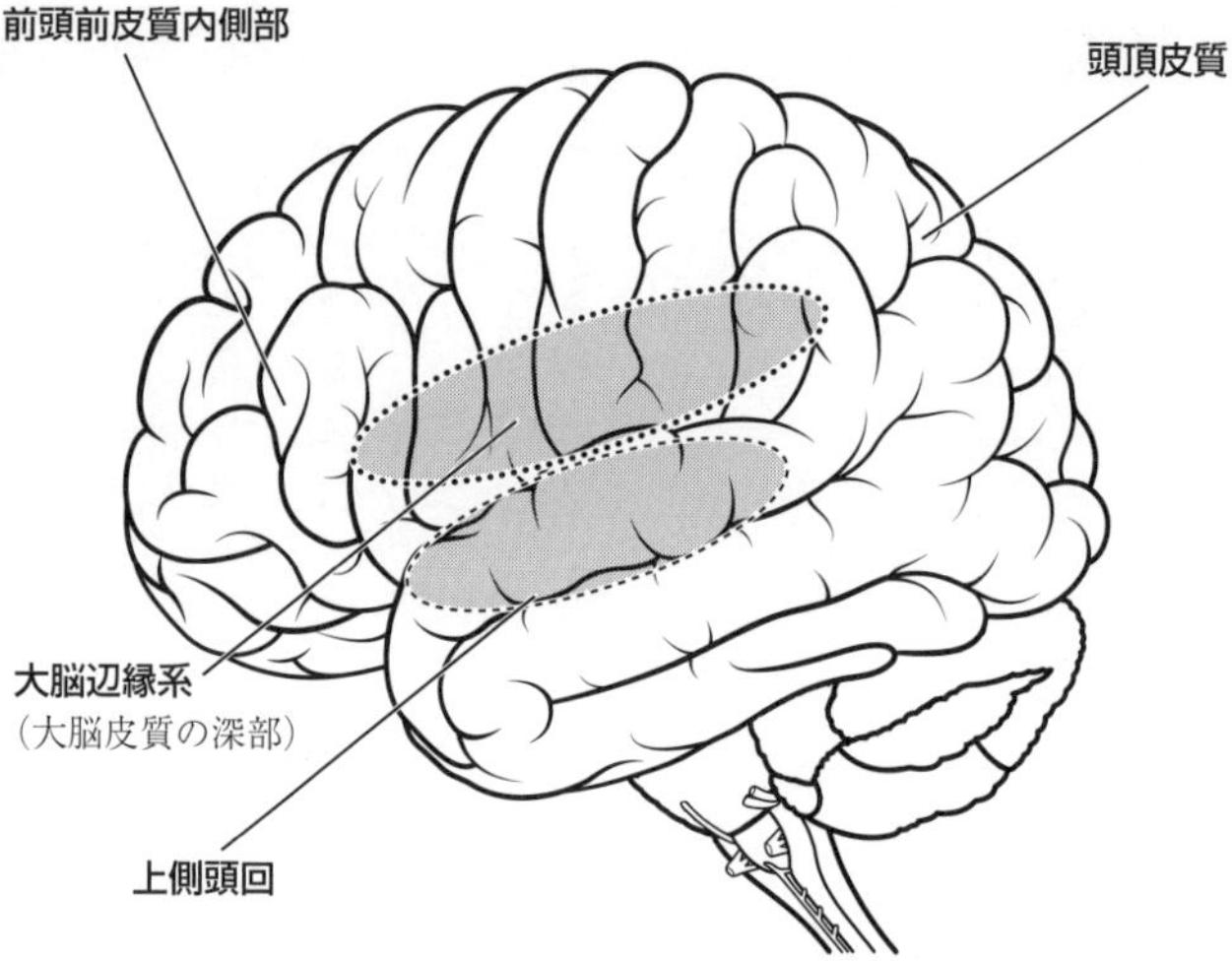

皮質、島皮質、前帯状皮質、後帯状皮質、側頭部、頭頂部、尾状核、および脳幹など）の機能異常が指摘されている。前頭前皮質は、実行機能を遂行する中心で眼窩前頭皮質を含み、目前の課題を処理する機能をはじめ、心の現在の状態とは無関係な刺激を排除する認知抑制機能、衝動性を制御する機能、ものごとを考えるときに使う作業記憶など、基本的な認知過程において重要な役割を担っている。したがって、前頭前皮質の機能が低下すると、ゲームにおいてリスクなど適切な判断ができず、衝動性を制御できなくなると考えられる。

さらに、インターネットゲーム障害の重症化には、尾状核や側坐核が重要な役割を果たしている。これらの部位は、前頭前皮質と強い接合性がある。そして、尾状核は目標指向性行動、すなわち報酬行動において主要な役割を果たしており、この部位の機能が低下することで、目標指向性行動の制御が障害され、過剰な習慣行動に移行する可能性も指摘されている。これは強迫行為や過食などの行動嗜癖に共通して指摘されているところである。

さらにインターネットゲーム障害者では、ゲームの最中に即時の強制的中断が指示された場合、通常のゲーム使用者よりもゲーム継続の渇望が強いため、ゲームを中断せずに続けようとする。そして、線条体と視床の機能的接続性が増加する一方で、背外側前頭前皮質と上前頭回との機能的接続性が減少することが観察されている。前頭前皮質と線条体の接続性が低下すればするほど、ゲームの強制的中断によるゲーム継続の渇望が強くなるようだ。そして、この渇望の強さをみることで、通常のゲーム使用者とインターネットゲーム障害者を区別できる可能性が示唆されている(3)。

インターネットゲーム障害者は、通常のゲーム使用者と比較してリスクの高い選択を好み、それを決定するのに費やす時間が短いことが知られている。脳画像による研究では、報酬回路と目標指向性行動を支えている実行機能ネットワークで強い機能的接続性を示している。一方、自分に迫る脅威を理解したり、混雑のなかで重要な細部を認識したりする顕著性ネットワークで弱い機能的接続性を示した。これらの結果は、インターネットゲーム障害者は危険性を考えないで、意思決定が衝動的に行われる。そのため攻撃性が増したり、学業不振に直面した場合でも、マイナス面を考慮することができず、ゲーム行動を停止できないものと考えられている。[4]

インターネットゲーム障害者では、通常のゲーム使用者とは異なり、眼窩前頭皮質、線条体、側頭葉および後頭葉の機能的接続性の低下が確認されている。さらに眼窩前頭皮質と背側前帯状皮質、背外側前頭皮質と背側線条体との機能的接続性も低下していた。そして前頭皮質-線条体の機能的接続性の強化は、通常のゲーム使用者では衝動性制御と相関したが、インターネットゲーム障害者では相関していなかった。これらの結果は、前頭皮質-線条体の接続性の低下が、ゲームに対する衝動性制御を困難にしてインターネットゲームの過剰な使用につながることを示唆している。[5]

ゲームへの渇望の強さや衝動性制御の困難さが、インターネットゲーム障害者の素因なのか、ゲーム障害に陥った結果なのかについてはまだよくわかっておらず、今後の研究課題である。

4　インターネットゲーム障害に陥らないために

これまでインターネットゲーム障害者と通常のゲーム使用者との違いについてみてきた。これらの結果から、インターネットゲーム障害に陥らないための注意点について探りたい。

重要なことは、デジタルゲームを行う時間を決めて行い、過剰にならないことである。インターネットゲーム障害者は、ゲーム時間が徐々に延長していく。そして、ゲームに割かれる時間が一日平均三〜六時間、あるいはそれ以上となっているので、長くても三時間以内に終える必要がある。

というのは、デジタルゲームを毎日長時間、繰り返し行えば行うほど、それも長期間にわたって続けるほど、デジタルゲーム使用に関連した脳領域が可塑性によって構造的、機能的に変化して、行動嗜癖や依存症の脳に変化する可能性があるからである。

ゲーム時間が延長していく理由として、攻撃的でエキサイティングな体験（シューティングゲームなど）への強い欲求、ゲームでより高いランキングの達成への執着などがある。したがって、このような点に注意してゲーム内容を選び、時間を制限して行う必要がある。

悩みごとやストレスからの回避や逃避手段として、デジタルゲームをする場合、一時的なものであれば問題ないが、のめりこむ場合がある。そうならないためには、悩みごとを相談できる環境をつくるとか、ストレスを貯めない、ストレスにうまく対処することで、制限時間以上、ゲームを行わないようにする必要がある。

怒り、憎しみ、不信感などの陰性感情への一時しのぎとして、短時間のデジタルゲームを使用するのはかまわない。しかしそれとともに、デジタルゲームだけに頼らず、それ以外の多様な気晴らし法や気分転換法を身につける必要がある。暇つぶしの唯一の手段として、デジタルゲームにのめりこむのはよくない。新型コロナ感染の広がりによって、自宅にいる時間が増え、時間の使い方に工夫がもとめられるようになった。空いた時間がある場合は、趣味の領域を広げるチャンスと考えて、新しい趣味を開拓するようにしたいものだ。

子供のデジタルゲームに関しては、使用時間などのルールを厳格に決めて、守らせる必要がある。暇があるからといって、だらだらとやらせてはいけない。

インターネットゲーム障害者と通常のゲーム使用者との間には、ゲームへの渇望、リスク評価、衝動性の制御をつかさどる脳の部位の機能および構造に違いを認めるが、これらがインターネットゲーム障害者の脳にもともと備わっている素因なのか、ゲーム障害に陥った結果なのかについては不明であることは、先に述べたとおりである。そして通常のゲーム使用者が、今後インターネットゲーム障害に陥らないのかについても不明である。しかしインターネット障害も、強迫行為のように目標指向性行動のコントロール障害による過度の習慣行動として生じているのであれば、デジタルゲームに費やす時間が増えるほど、そのリスクは高まるものと考えられる。

なにごとも「過ぎたるは猶（なお）及ばざるが如し」（論語）である。

第Ⅳ部

精神鍛錬は脳を変える

イントロダクション

身体の鍛錬は、文字どおり体を鍛えて強くすることで、健康の維持、増進を図るために行為である。身体の鍛錬法としては、体操、運動、スポーツ、武道などがある。一方で、精神の鍛錬は、心を鍛えて強くすることで、心身の安定を図り、心の健康を維持、増進するために行う。精神の鍛錬法は、僧侶が行うようなきびしい修行から一般人が行う五分間瞑想のようなセルフコントロール法まで、さまざまなものがある。

最近では、ゲーム感覚で行う認知訓練（脳トレともいう）が高齢者の認知能力の維持や向上につながるとして、注目されている。また精神疾患の治療を目的として行う精神療法は、患者の誤った認知、情動、行動などを変えることによって、精神的健康の回復、維持、増進を図る。

そこで第Ⅳ部では、まず認知訓練と精神療法をとりあげ、ともに脳の機能や構造を可塑性によって変えることを示す。ついでヨガや禅の瞑想を心身の鍛錬法として有効であることを示すとともに、長期にわたって仏教の修行を積んだ高僧の脳が可塑性によって変化し、非常に低い脳の活動性で、非常に高い精神集中を得ていることを紹介する。

第13章 認知訓練は脳を変える
――脳トレやビデオゲームは認知能力を高める

認知訓練は、身体を動かすことで体力向上を目指すように、脳を使うことで「脳力」すなわち認知能力の維持や向上を目的としている。脳神経細胞は、適切な刺激を受けることで、高齢になっても神経の可塑性によって、変化したり、新しい神経細胞が生じることが明らかにされている。順序だって計画された認知訓練は、注意力、記憶力を維持・向上させるとともに、知覚、推論、計画、判断、学習、および複雑な課題を的確に遂行する脳の実行機能を維持・向上させることができる。

認知訓練の効果は、精神科医、心理学者、神経心理学者*たちによって、さかんに検証されているが、すでに言語療法士、作業療法士、臨床リハビリ専門家たちは、脳損傷または脳疾患の後遺症を改善するリハビリ手段として用いている。また認知訓練は、加齢にともなう認知機能の低下の防止、つまりは認知症の予防手段として期待されている。

認知訓練には、教材を使ったものから、コンピュータを用いてゲーム感覚で行うものまでさまざまなものがある。一九九九年、イスラエルの世界的な心理学者として知られているシュロモ・ブレズニッツは、脳フィットネス・ソフトウェア会社「コグニフィット」(CogniFit) を設立した。ブレズニッツは、パソコンを用いた認知訓練プログラムを開発し、商品化したのである。その後、さまざまな企業によっていろいろなプログラムが開発され、多くの製品が販売されている。

わが国では、二〇〇五年に携帯ゲーム機で行う『脳を鍛える大人のＤＳトレーニング』(川島隆太監修、任天堂) が発売され、ゲーム感覚で行えることから爆発的にヒットした。そして、わが国で「脳トレ」という言葉が流行した。今でもさまざまなプログラムが開発され、加齢による認知機能の低下に対する不安感を背景に、大きな市場を形成している。

しかし、販売されているすべての製品の有効性が検証されているわけではない。二〇一五年に米国では、誇大な広告で有効性が証明されていないプログラムを販売している会社が提訴される例も生じている。

1　脳トレは認知能力を高める

このような状況で、二〇一七年、オーストラリアのグループ[1]は、科学的に検証された脳トレのプログラムの情報を消費者や医師たちに提供するために、脳トレプログラム約八〇〇〇件の論文についてシステマティック・レビューを行った。そして科学的な方法で検証した結果、有効性が認められるソフトは、そのなかのほんの一部（ポジット・サイエンス社やコグニフィット社などで開発されたプログラムのみ）であることを報告した。以下に、有効性が認められたものの一部を紹介する。

香港大学神経心理学研究所のナタリー・リュンら[2]は、読み書きができ、視覚や聴覚に問題のない香港在住の六〇歳以上の中国人を対象に研究参加者を募った。そして健康で知能に問題のない右利きの二〇九人の参加者を集めた。このうち一六四人が女性、四五人が男性で平均年齢は七〇歳（六〇～八八歳）であった。これらの参加者は、脳トレを受ける一〇九人とこれを受けない対照者一〇〇人とに無作為に分けられた。

脳トレは、一回一時間の訓練を週三回、一三週間、ポジット・サイエンス社のブレインフィットネス・プログラムのマニュアルに沿って行われた。一方、比較の対照者に対しては、脳トレのかわりに歴史、科学、健康、社会などに関するビデオを観て、その内容に関しての質問に答えるといったプログラムを行った。そして一三週後に、被験者全員の注意力、作業記憶、記憶力などを調べるための心理テストが行われた。

その結果、脳トレを受けたグループの人たちは、聴覚的および視覚的-空間的注意および作業記憶において、これを受けていない対照者より改善していた。しかし、プログラムに含まれていない言語的および視覚的-空間的記憶は改善していなかった。これらの結果から、脳トレは、その内容に関連した機能の部分だけ改善をもたらし、認知機能の低下を防ぐ効果があるものと結論づけられた。

一方、わが国においては、脳トレのビデオゲームである任天堂の『ブレインエイジ』の有効性が検証されている。(3) 新聞広告により募集された四四人のうち、過去二年間に週一時間以上ビデオゲームをしたことがなく、右利きで日本語を母国言語とし、健康で脳の病気の既往がない、認知機能に影響するような薬剤を服用していない三六人が研究の対象者として選ばれた。

三二人は、『ブレインエイジ』をする一六人（平均年齢六八・九歳、平均IQ一一四）と単なるパズルゲームである『テトリス』をする一六人（平均年齢六九・三歳、平均IQ一一三）とに無作為に分けられた。参加者たちは、自宅の携帯ゲーム機を使い、各ビデオゲームを一日一五分間、週五日間、四週間にわたって行った。そして参加者たちは、訓練の初日と四週間後に、全般的な精神状態や、注意力、情報処理速度、目標を定めてそれを達成するために思考や感情を制御している実行機能などの認知機能を調べるための神経心理学的および行動テストを受けた。その結果、『ブレインエイジ』を行った人たちには、実行機能と情報処理速度などの認知機能の改善が認められた。

これらの結果から、毎日短時間ではあっても脳トレを継続すると、高齢者の認知機能を改善させると考えられた。しかし、これらの改善がどれくらいの期間持続するのか、また実際の生活面にどのように影響するかについては調べられていない。

2 ビデオゲームも認知能力を高める

近年、ビデオゲーム（デジタルゲーム）は、人々の遊び方や生活に大きな変化をもたらしている。初期の研究の多くは、デジタルゲームをすることのマイナス面、たとえば暴力的なゲームが若者の攻撃性を誘発するとか、ゲーム依存症が増加するといった点に焦点を当てていた。しかし、その後の研究では、ビデオゲームのプラス面も認識されている。プラス面としては、成人や高齢者の認知能力の向上があげられる。ゲームをやることで、認知の柔軟性や視覚空間に対する記憶力・学習能力が大幅に向上する、注意力・集中力を増すなどの効果が報告されている。

ここでは、ビデオゲームが成人の認知におよぼす影響について検討した研究を紹介する。[4] この研究は、二〇一二～一七年に発表された論文のなかから、方法論的に問題のない三五編の論文を選び、その内容を吟味したシステマティック・レビューである。大部分の論文は、若年成人（一八～三五歳）を対象としており、非商用のビデオゲームや市販のビデオゲームが認知能力と感情調整に有効であることが検証されている。認知能力に対する有効性についてみると、ビデオゲームをやることで、視覚的および空間的作業記憶力、物体をイメージのなかで回転させる能力である精神的空間回転能力、反応時間と情報処理速度、短期記憶力、作業切り替え能力、同時に複数の作業を行う能力などのいずれにおいても改善が認められた。

とくに、アクションゲームやアドベンチャーゲームで最も多く効果が観察されており、ついでパズルゲームであった。ゲーム数は一セッション～最大六〇セッション、プレイ時間は一〇分～五〇時間と、かなりのばらつきがあり、最低どれくらい実施すれば効果があるかについて

は明らかでない。

感情調整については、ビデオゲームがポジティブな感情を誘発するのに効果的であり、ビデオゲームをやることで、健康な成人のストレスレベルを減らす可能性がある。しかし、ビデオゲームでみられるポジティブな効果は、ほとんどの研究が短期的な効果しかみておらず、長期的な効果については不明で、これについては今後の研究課題である。

3　脳トレは脳の構造を変えるか

二〇一七年、カナダのブリティッシュ・コロンビア大学脳科学総合研究センターのリサーネ・テンブリンクら[5]は、高齢者の認知機能の低下を防ぎ改善する認知訓練が脳におよぼす影響について調べた。この研究は、コンピュータを用いた脳トレが脳の構造および機能にどのような変化をもたらすかを検証したシステマティック・レビューである。彼女らは、二〇一六年七月までに行われた、五五歳以上の精神障害のない健康人を対象としたｆＭＲＩを用いた多くの論文を調べた。そして、これらのなかから国際的なガイドラインの基準に沿っている研究論文を抽出した。さらに厳密なふるいにかけて九つの研究論文を選びだし、これらの結果を検証した。

図13-1　脳トレにより変化する脳領域

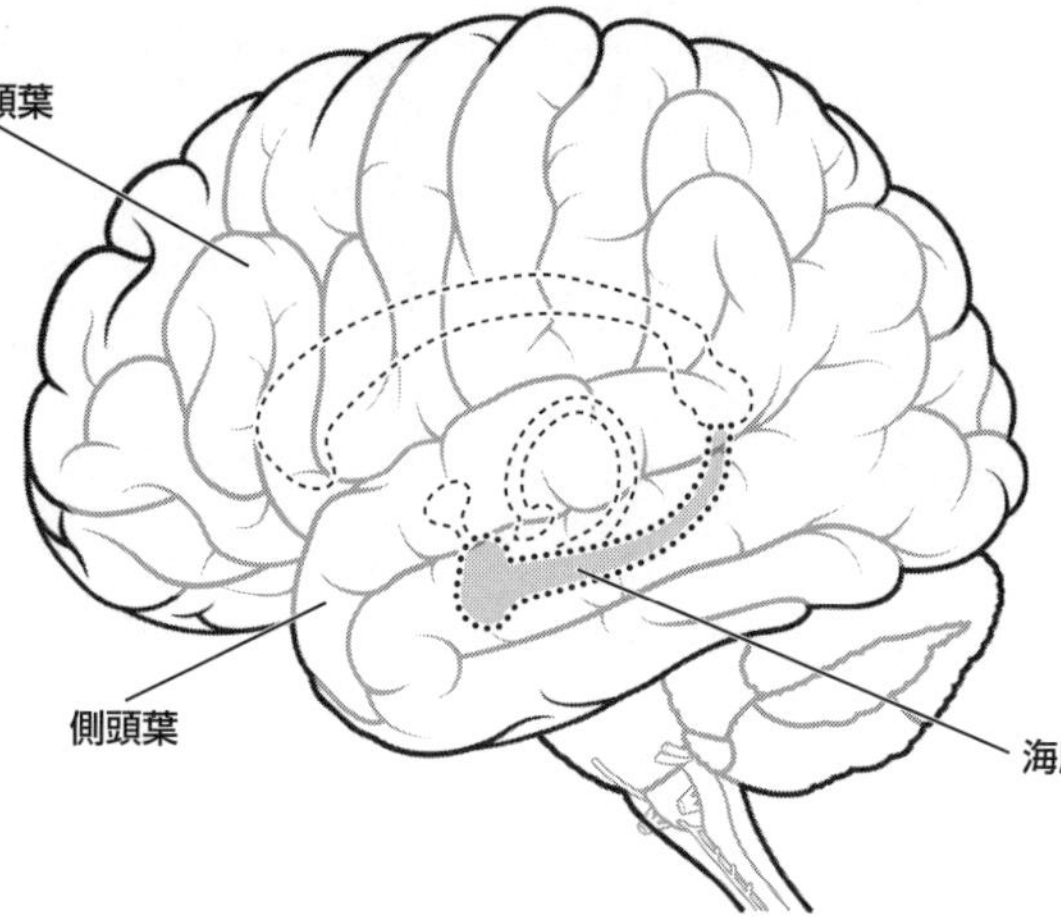

その結果、脳トレは高齢者の脳構造と機能を訓練の内容に応じて変化させることがわかった。さらに、脳の多領域を使うコンピュータによる認知訓練が記憶に関連する海馬と前頭葉や側頭葉の機能的接合性の強化をもたらす可能性が示された（図13-1）。このように脳トレは、可塑性によって、そのゲーム内容に関連する脳領域の構造および機能の変化を引き起こし、脳の機能低下を防止、改善し、認知面や行動面にも良い影響をおよぼす。

次に、ビデオゲーム『スーパーマリオ64』が、高齢者の海馬の灰白質を増加させることを示した研究[6]を紹介する。3Dプラットフォームのビデオゲームをプレイすると、若い成人の海馬の灰白質を増加させることは以前から示されていた。では、高齢者でも同じような影響がみられるのか?

そこで、高齢者に3Dプラットフォームビデオゲーム(『スーパーマリオ64』)を毎日三〇分以上、週五日、六カ月間続けてもらい、脳がどのような影響を受けるかについて調べられた。

被験者となったのは五五〜七五歳の人たちで、三つのグループに分けられた。ビデオゲームを行うグループは八人で、六カ月間にわたって3Dプラットフォームのビデオゲームを行った。比較対照者として、自主的にコンピュータ化されたピアノレッスンを行う一二人と、さらにビデオゲームもピアノレッスンも行わない一三人が選ばれた。

実験開始前後に、全員の海馬、小脳、および背外側前頭前野の灰白質体積がfMRIで調べられた。その結果、ビデオゲームグループのみ海馬内の灰白質体積が増加して、若い成人で観察されたのと同じ結果が再現された。また、ピアノレッスングループは背外側前頭前野の灰白質の増加がみられた。さらに、ビデオグループとピアノレッスングループは小脳の灰白質の増加をもたらした。一方、六カ月間ゲームもピアノレッスンも受けていないグループは海馬、小脳、および背外側前頭前野の灰白質は増加していなかった。これらの結果から、ビデオゲームのトレーニングが高齢者においても海馬の灰白質体積の増加をもたらし、記憶システムにプラスの効果をもたらすことが明らかにされた。

しかし、すべての脳トレの効果が科学的に検証されているわけではない。とはいえ、検証されないからといって、無効であると決めつけるわけにはいかない。なぜなら、有効性を検証するには、そのために必要な時間と資金が必要だからである。

したがって、興味ある認知訓練は「何もしないよりまし（Better than doing nothing）」と、するほうがよいと考える。

米国の哲学者ダニエル・デネットは『心の進化を解明する――バクテリアからバッハへ』（青土社、二〇一八年）のなかで、「（脳）使用せよ、さもなければ廃れるのみ」と述べている。まことに至言といえよう。

＊神経心理学とは、脳の神経系と、言語・認知を中心とする精神機能との関係を究明する学問。

第14章 精神療法は脳を変える

――認知行動療法やマインドフルネスで認められた効果

精神療法（心理療法ともいう）とは、薬を用いた治療や物理的治療法*によらず、傾聴や対話、助言や指導、訓練などによって認知、感情、行動などに影響をもたらす治療法で、心身症や精神疾患などの治療に用いられている。精神療法には、一般的な支持的精神療法から、特殊な理論に基づいて治療プログラムをつくり、一定期間計画を立てて行うものまでさまざまなものがある。代表的な精神療法には、精神分析療法、認知行動療法、対人関係療法などがある。最近では、マインドフルネス瞑想に基づく認知療法が注目を浴びている。

種々の精神療法のなかで、ランダム化（無作為）比較試験（ＲＣＴ：randomized controlled trial）で、その有効性が検証されている治療法には、認知行動療法とマインドフルネス認知療法がある。ＲＣＴとは、効果を調べたい治療法を受けるグループとそうでないグループ（対照群）を無作為に振り分け、一定期間治療を行い、治療前と治療後の変化を比べ、効果が認められ、かつその効果が対照群よりも有意に上回っている場合のみを「有効」と認める、客観性の高い評価法である。

認知行動療法とマインドフルネス認知療法について、その効果がどのような脳の変化をもたらすかに関して多くの研究がなされている。本章では、そのいくつかを紹介する。

1　認知行動療法

認知とは、現実の受け取り方やものごとの見方のことを指し、人それぞれは自分独自の認知をもっている。私たちは何らかの出来事に遭遇したとき、私たちの脳にはそれに対する考えやイメージが自動的に生じる。これが自動思考と呼ばれるもので、この自動思考によって気持ちが動き、さらに行動を生じる。

認知行動療法は、図14-1に示すように、出来事や状況に対して、不適応的な自動思考によって悲観的に考えてしまう癖（認知のゆがみ）に着目し、実際にそうした考えが現実に沿っているのかどうかを、患者とともに吟味する。そして、柔軟性のあるバランスのとれた新しい考え方に変えていく（認知の修正）。それによって、気分を良い方向に改善していき、それにと

図14-1　認知行動療法

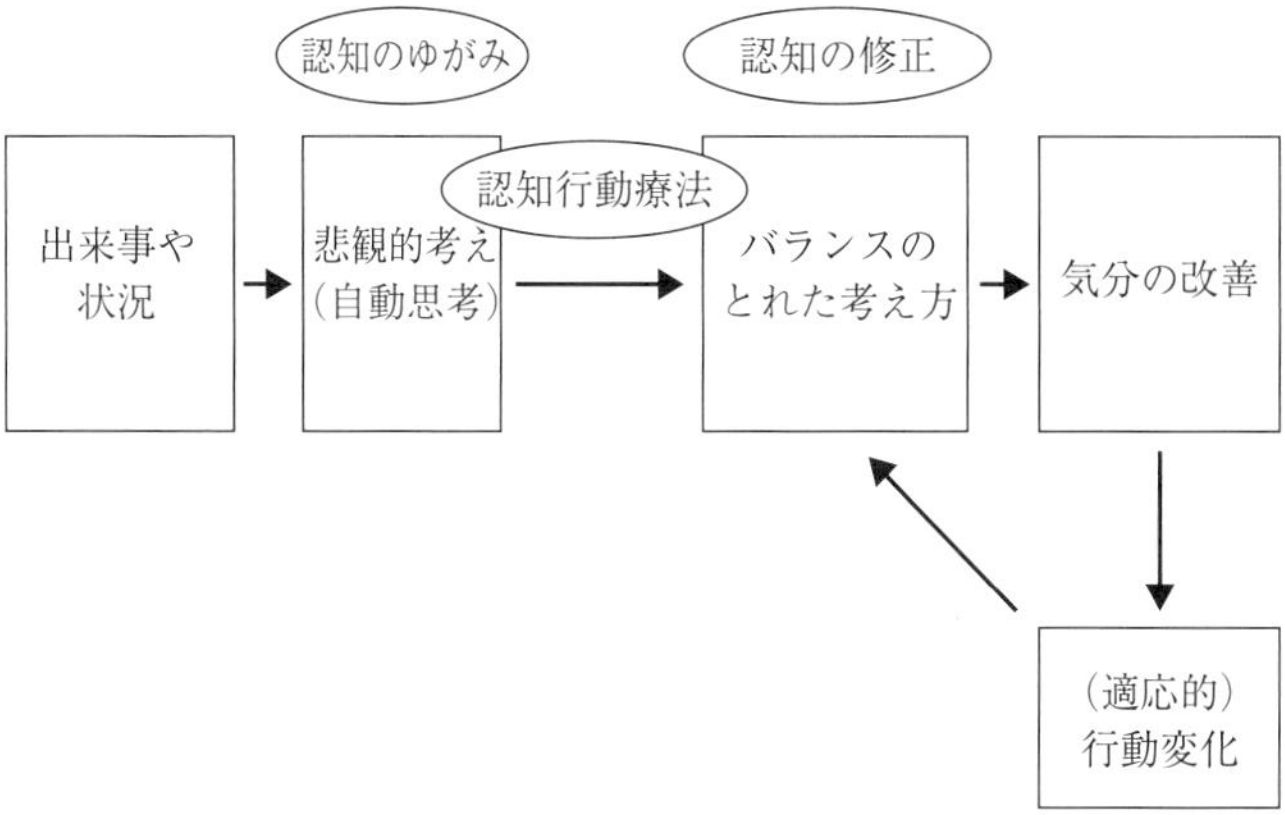

もなって行動も変えるという精神療法である。この治療法は、もともとうつ病の治療として開発された。しかし現在では外傷後ストレス障害（PTSD）、社交不安症や強迫症など、さまざまな精神疾患に用いられている。

うつ病とは、抑うつ気分、意欲の低下、興味の喪失、精神活動の低下、不安、焦燥、悲しみなどの精神症状と不眠、食欲低下、性欲低下などの身体症状を特徴とした病気である。近年増加が著しく、生活習慣病のなかに入れられている。うつ病の治療は、薬物療法や精神療法、生活指導などを組み合わせて行われる。このなかで、精神療法として、認知行動療法が用いられ、その有効性がRCTによって認められてきた。

心的外傷後ストレス障害（PTSD）は、生命にかかわるような危険や深刻な怪我、あるいは性的暴力などを体験したり、そのような光景を目撃したり、身近な人に起きたことを知ることがトラウマとなって、その後、そのストレスによってさまざまな精神症状が生じて、日常生活に支障をきたす病気である。治療には薬物療法や精神療法が用いられ、精神療法としては認知行動療法の有効性が認められている。

しかしこれまで、認知行動療法の効果の発現がどのような脳内機序に基づくものであるかは不明であった。そこで、認知行動療法が脳の機能や構造にどのように働くかについての研究が行われるようになった。

米国ペンシルベニア大学のH・シューら[1]は、未治療の右利きのうつ病患者一七人とPTSD患者一八人に、一二週間にわたる一二セッションのマニュアル化された認知行動療法を施行し、その前後の脳の変化をMRIで調べた。うつ病やPTSDの患者では、両側扁桃体と前頭-頭頂ネットワークの機能的接続性が低下するとされている。そこで、これについて機能主成分分析という統計法を用いて、治療前後の変化が調べられた。

そして、年齢と性を一致させた健常者一八名の結果と比較した。すると、認知行動療法を受けたうつ病患者やPTSD患者の両側の扁桃体と前頭-頭頂ネットワークの機能的接続性が強化されて正常化していることがわかった。

これらのことから、認知行動療法は、うつ病およびPTSD患者の扁桃体と前頭-頭頂ネットワークとの間の機能的接合性を増強した。その結果、認知の制御に関与する前頭-頭頂ネットワークから、不安や恐怖を感じる扁桃体に対して、トップダウンで活動性を抑制する指令が出され、こうした機序が働くことによって、認知行動療法は、うつ、不安や恐怖などの症状を改善すると考えられるのである。

社交不安症（社会恐怖症とか対人恐怖症と呼ばれることもある）は、他者から注目を浴びるような社会的な状況に対して、異常なほど不安や恐怖を感じ、それを回避しようとする。そのために、学校や会社に行けなくなったりして、社会生活に支障をきたす病気である。

社交不安症患者の場合、不安や恐怖を感じるときに重要な役割を果たす脳部位である扁桃体の灰白質が拡大して機能も高まっている。そのために、不安や恐怖を感じる状況に過剰に反応してしまうことが明らかにされている。治療には、不安を鎮める薬が有効で、精神療法では認知行動療法の有効性が認められている。

ストックホルム大学心理学科のクリストファー・ムーンソンら[2]は、二六人の右利きの社交不安症患者を、認知行動療法を受けるグループと注意バイアス修正訓練**を受けるグループに無作為に振り分け、治療前後で扁桃体の機能や構造にどのような変化が起こっているかをｆＭＲＩで調べた。そして、年齢と性を一致させた、いずれの治療も受けていない健康な二六人の結果と比較した。すると、九週間にわたって認知行動療法受けた一三人のうち八人が、注意バイアス修正訓練を受けていた人たちより社交不安症の症状が改善していた。そして、これらの治療によって改善をみた患者の扁桃体の灰白質体積は減少し、脳機能の状態を示す血流動態で、血流量は低下していた。

また、扁桃体の灰白質量は、他人との会話において「何か良くないことが起きるのではと心配になる」という、まだ起こっていないことを先回りして心配してしまう「予期不安」が強いほど大きくなり、治療によって改善するほど小さくなることが観察された。そして、社交不安症患者では、健常者よりも自分に対するネガティブなコメント対して扁桃体の神経応答性が高まる傾向があるが、扁桃体の神経応答性は治療よって改善し、低下していた。

これらの結果から、認知行動療法によって症状の改善がみられた患者では、扁桃体の機能と構造が脳の可塑性によって変化することが明らかとなった。

さらに、これらの効果が一年後も持続しているかが調べられた[3]。一三人の患者が、治療後一年間に三回の検査を受けた。一年後においても、七人（五四％）に改善が認められた。これらの患者では、左扁桃体の灰白質量は、改善していないと評価された患者よりも縮小していた。しかし、治療直後にはみられた自己に対する批判によって生じる扁桃体の神経応答性には改善がみられなかった。これらの結果から、社交不安症に対する認知行動療法の効果は、治療一年後においても構造的な変化は持続していたものの、機能面の変化は持続していなかった。

2　マインドフルネス認知療法

マインドフルネスとは、思考や感情にとらわれず、「今の瞬間」の自分をあるがままに知覚し、それについての「良い悪い」の価値判断をしない心のもち方をいう。この考えに基礎を置いたマインドフルネス瞑想は、身体から力を抜き（筋弛緩法）、深く静かに息を吸い込んでゆっくりとはきだすことを基本とした呼吸訓練（呼吸法）、精神的なイメージングやマインド訓練などのいくつかの重要な要素を含む精神的な訓練方法の一形態である。その効果は、ストレスを緩和し、注意力や感情調節能力、認知能力を向上させるといわれている。

マインドフルネス瞑想を治療に応用するかたちで、マインドフルネス・ストレス低減法という精神療法が開発された。そして、これと認知行動療法を組み合わせ、再発性うつ病の治療を目的として開発されたのがマインドフルネス認知療法である。これは第三世代の認知療法の一つとされ、現在注目されている精神療法である。そして、マインドフルネス認知療法でも、その効果発現の脳内機序を

明らかにするために多くの研究がなされている。

ロッテルダム（オランダ）のエラスムス大学医療センターのR・ゴチンクら[4]は、マインドフルネス・ストレス低減法やマインドフルネス認知療法を施行し、これらの脳機能と構造におよぼす影響についてシステマティック・レヴューを行った。このテーマに関して二〇一六年六月までに電子データベースで発表された一一五六の研究がふるいにかけられ、評価に耐えられる質の高い三〇の研究が選ばれた。

それらの結果をまとめると、身体的に健康な被験者に対して、ストレス下の不安な状態で、八週間のマインドフルネス瞑想訓練を行うと、前頭前皮質、帯状皮質、島皮質および海馬の活動性が増し、これらの脳領域における機能的接続性が増強し、体積も拡大することが示された。さらに、扁桃体の機能的活動性が低下して、前頭前皮質との機能的接合性が増強し、不安を誘発するような感情的刺激に曝されても、扁桃体の活動性がすばやく低下することが示された。これらの結果から、八週間のマインドフルネス瞑想訓練によって、前頭前皮質、帯状皮質、島皮質および海馬、さらには扁桃体に機能的、構造的変化が生じ、これらによって、不安や恐怖の感情調整がより上手になると考えられた（図14-2）。

さらに、その後に行われた主な研究について紹介する。米国のY・タンら[5]は、これまで瞑想訓練を受けたことがない二五人の大学生（男性一三人、女性一二人、平均年齢二一歳）に、身体

図14-2　マインドフルネス認知療法によって変化する脳部位

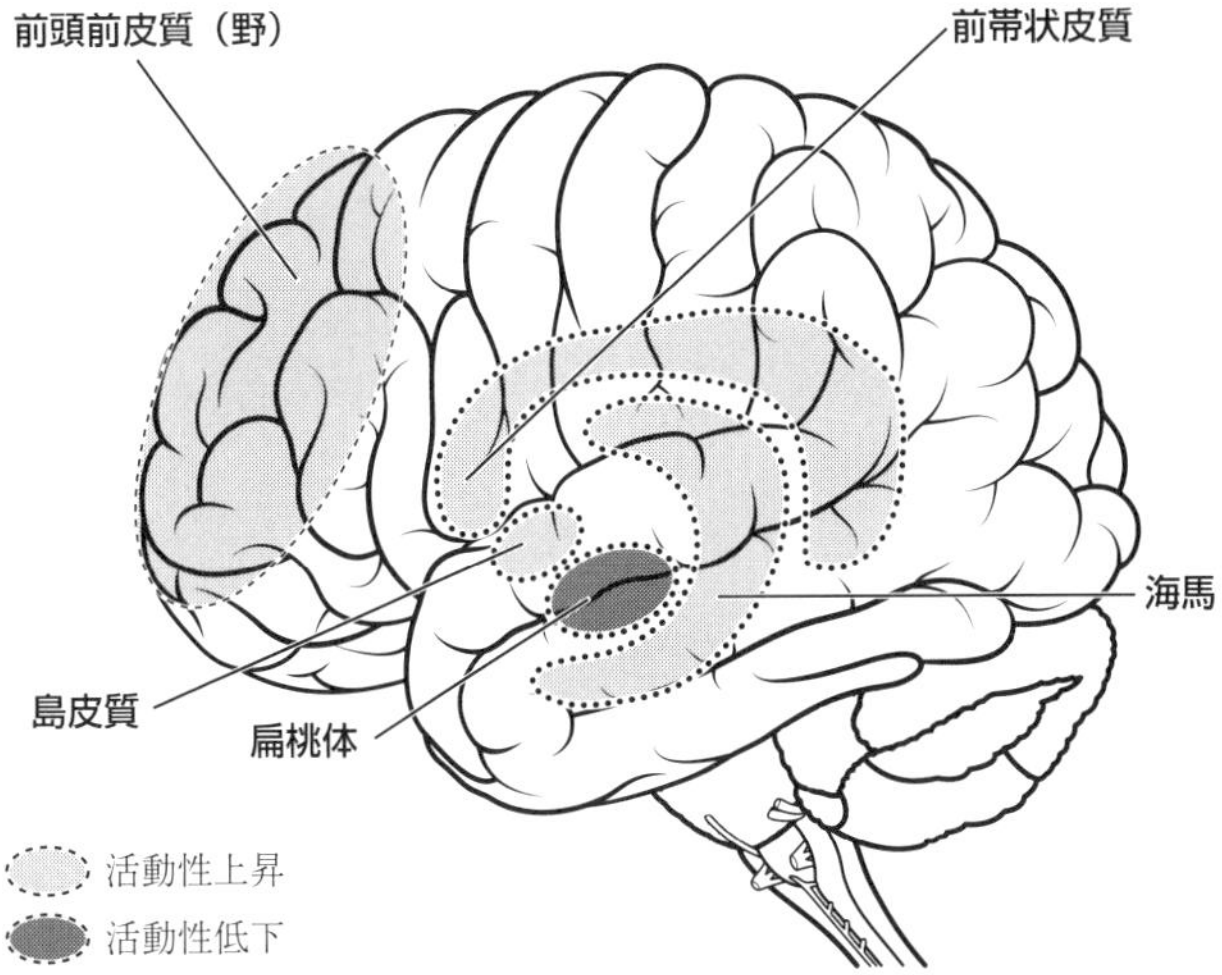

の弛緩、心的イメージからなるマインドフルネス瞑想訓練を、一セッション三〇分間、二週間で一〇セッション（合計五時間）行った。そして、瞑想訓練の前後の安静時にｆＭＲＩを用いて、脳の活動性の変化を調べた。

その結果、訓練後には脳の多くの領域で機能的接続性が増強した。その脳領域を分析すると、後頭皮質（主に上と中後頭回からなる）が多くの脳領域と機能的に接合していた。ついで、後頭部と側頭皮質（主に上側頭回およびその極、島皮質からなる）と、後頭部と前頭皮質（主に前頭弁蓋からなる）との間の機能的接合が増強していた。さらに小脳と尾状核との間の機能的接合も強化していた。これらの脳領域は注意力、感情的、認知的および報酬処理に関与している脳部位で、マインドフルネス瞑想はこれらの脳領域の機能を改善するものと考えられる。

米国ピッツバーグ大学神経科学センターのエイドリアン・タレンら[6]は、マインドフルネス瞑想訓練が、ストレスを軽減して精神の健康を改善する作用を有することから、ストレス処理と生理学的ストレス反応を調整している扁桃体の機能への影響を調べている。研究に参加する成人を募り、一三〇人を集めた。そして、被験者には過去一カ月間に感じたストレスを自己記入式の質問票で評価してもらった。ついで、安静時の脳の状態をｆＭＲＩで調べた。その結果、過去一カ月間に知覚されたストレスが強いほど、両側の扁桃-前帯状皮質膝下部の機能的接続性が強かった。

つぎに、失業中のストレスの高い三五人の成人に、三日間の集中的なマインドフルネス瞑想訓練と三日間のリラクセーショントレーニングを交互に行い、それぞれの後に、安静時の脳の状態をｆＭＲＩで調べた。その結果、マインドフルネス瞑想訓練後においては、右扁桃-前帯状皮質膝下部の機能的接続性が減弱していた。これらの結果から、ストレスは扁桃体-前帯状皮質膝下部の機能的接続性を増強させるが、マインドフルネス瞑想の短い訓練でも、脳の可塑性によって機能的接続性を弱め、ストレスの影響を軽減させる可能性があることが示された。

さらにマインドフルネス瞑想訓練は、注意、作業記憶、認知制御などの実行機能を向上させるが、その神経基盤として実行機能ネットワークのハブである背外側前頭前野と背部ネットワーク（上頭頂葉、補足眼野、右中前頭回）と腹側ネットワーク（右下前頭回、中側頭および角回）間の機能的接続性を増強させることが明らかにされている。これらのことから、高レベルの心理的苦痛を有する個人に対してマインドフルネス訓練を行うと、実行機能に関連する脳領域間の機能的接続性を強化することによって、心理的苦痛を軽減させていることが示唆される[7]。

以上、認知行動療法やマインドフルネス認知療法によって、前述したさまざまな脳領域の機能的接続性が変化し、灰白質の体積が拡大して、不安や恐怖といった感情状態を制御する能力を高めるようだ。ほかにもその有効性が認められ、脳への影響について研究された精神療法があるが、ここでは割愛した。今後、この分野での研究がさらに発展することを期待したい。

＊精神疾患の物理的治療法には、通電療法、温熱療法、寒冷療法、超音波療法、光療法などさまざまな治療法がある。

＊＊注意バイアス修正訓練：ある状況に置かれたときに、そのなかの不安や脅威となる情報ばかりを抽出し、選択的に注意を向ける傾向が強化された人の場合、不安な気持ちや気分が残りやすい。これを防ぐために、注意をそらす訓練をするのが注意バイアス修正訓練である。

第15章　高僧の脳

――ヨガや禅がもたらす脳の変化

　ヨガや禅は、本来伝統的な宗教的行法である。しかし、現代では宗教色を排して心身の鍛錬法としても活用されている。いまやヨガや禅は、ストレス軽減法やリラクセーション法の一つとして、その有効性が認められ、世界的に普及しているのである。そしてヨガや禅を実践することで、脳が可塑性によって構造的、機能的に変化し、不安や恐怖を軽減し、集中力や記憶力を向上させることが明らかにされている。

　しかし一方では、一日一〇時間以上の瞑想修行を長年実践しているチベット仏教の僧侶たちの脳についても調べられている。

　そこで、本章では、ヨガと禅がそれぞれ脳にもたらす変化を紹介し、最後に厳しい修行を行った高僧たちの脳と凡人の脳との違いについてみる。

1　ヨガによって脳が変わる

ヨガ（yoga）は、古代インドで発祥した伝統的な宗教的行法で、身体の動き、呼吸法、瞑想の鍛錬により心と体を統一して解脱に至り、解放、自由、悟りを手に入れるものである。一九九〇年代後半から、身体鍛錬運動と融合してさまざまな身体的ポーズに重点を置いた体操ヨガが、米国や英国を中心に流行し、「ヨガ」または「ハタ・ヨガ」と呼ばれるようになった（しかしこれとは別に、伝統的なハタ・ヨガもまた脈々と受け継がれている）。

こうした宗教色を取り去ったさまざまな身体的ポーズを組み合わせたフィットネス・ヨガは世界的に流行し、それが健康ブームに乗って、日本にも波及している。

ヨガがもつ身体および精神の健康維持や増進効果について広く知られるところであり、ヨガが脳におよぼす影響についても研究されるようになっている。ここでは、米国のN・ゴートら[1]が、二〇〇九～一九年六月に発表されたヨガと脳の研究について概説しているので、これを中心に紹介する。

心理面におよぼす影響

ヨガは、短期間の実践でも、認知機能に良い影響があることが示された。成人を対象とした研究では、ヨガは注意力を高める、情報の処理速度を速める、目的を定めてそれを達成するために思考や感情や行動をコントロールする機能を高めることが認められている。さらに、不安や抑うつ、ストレスを緩和する作用があり、精神の健康を改善する。また、加齢による記憶力の低下を防ぐ可能性も示唆されている。

脳におよぼす影響

つぎに、ヨガを八年以上実践している六〇歳以上の成人女性の脳の構造変化を、MRIを用いて調べた研究を紹介する。それによると、ヨガ実践者は、非実践者と比べて大脳の中前頭回および上前頭回を含む左前頭前野の灰白質の体積が増大していた。ヨガ非実践者もヨガ実践者と同程度の身体活動量であったことから、この灰白質体積の増大は、呼吸法や瞑想も含めたヨガの実践によるものと考えられた。

さらに、別の研究で三年間のヨガ実践者において、記憶と学習で重要な役割を果たしている海馬の灰白質の体積が拡大することが報告されている。これは、この部位における神経細胞体から出ている樹状突起が増加していることを意味している。

これらの変化は、三年以上の長期間にわたるヨガの実践によって生じているが、半年間という短期間の影響についても調べられた。健康な高齢者を対象に、一日一時間、週五日、三カ月間、指導者のもとでヨガの実践を行い、その後、さらに三カ月間毎日、自分だけで自宅でヨガの実践を継続した。その結果、両側海馬の灰白質の体積が拡大していた。このように半年間という短期間のヨガ実践でも、脳は変化するようである。

ヨガが、感情的な反応をつかさどる脳の部位の活動性に影響を与えるかどうかが、大脳皮質の血流変化をとらえるｆＭＲＩのＢＯＬＤ法*を用いて調べられた。ヨガ実践者と未経験者に不快な感情を引き起こすネガティブな画像と快も不快も起こさない中立的な画像をみせて、そのときの脳の活動性の変化を調べた。その結果、ヨガ実践者ではネガティブな画像をみたときの不快な感情を意識的に制御する背外側前頭前野の活動性が高くなり、これがトップダウン式に感情をつかさどる扁桃体の活動性を抑えて、情動を安定させていることが示された。

脳領域の機能的接続性についてみると、六〇歳以上の健康な高齢女性で八年以上のヨガを実践している人たちは、年齢と性を一致させたヨガ経験のない人と比べて、内側前頭前野と右角回間の機能的接続性が強化されていた。これらの脳領域はデフォルトモード・ネットワークを構成しており、このネットワークの機能を高めているものと考えられている。

一方、一二週間という短期間のヨガの実践でも、前帯状皮質膝前部、内側前頭皮質、後帯状

図15-1　デフォルトモード・ネットワーク

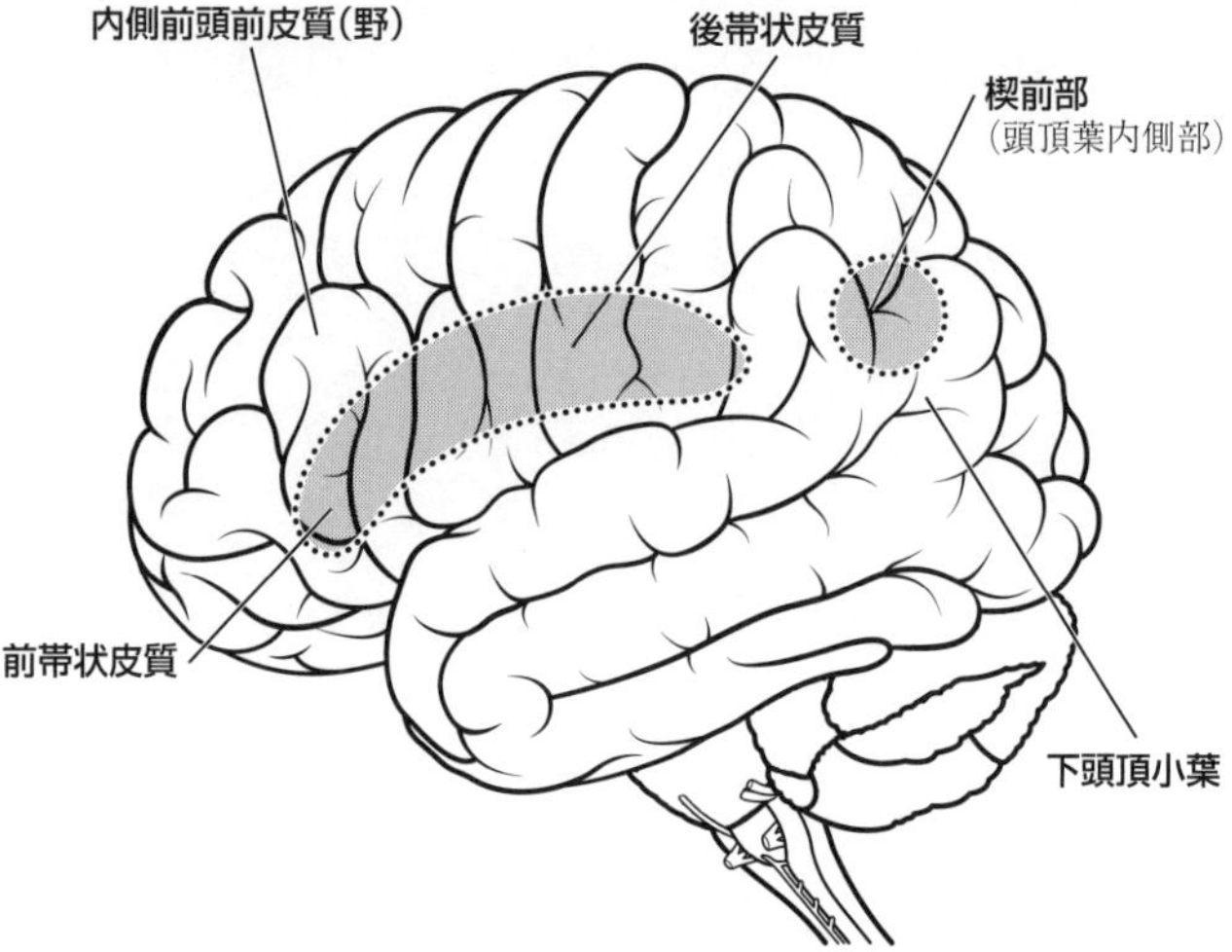

皮質、中前頭回、外側後頭皮質の機能的接続性が強化されていた。これらの脳領域はデフォルトモード・ネットワークを構成しており、この機能が一二週間という短期間でも高められるようだ。これらの結果をまとめると、ヨガの実践は、前頭前野、帯状皮質、海馬、扁桃体、およびデフォルトモード・ネットワークを含む脳内ネットワークの構造や機能に対してプラスの効果をもたらすようである(図15-1)。

ところで、デフォルトモード・ネットワークが働いている状態はどういう状態かというと、注意は外界に向いておらず、自己に注意が向けられている状態である。この状態にあるとき、脳は、自己の身体や感情の状態、自己に関する過去の記憶や将来の展望に関するさまざまな情報の処理をしている。たとえば何もしないで、ぼんやりとしてさまざまな考え浮かぶといったときに、デフォルトモード・ネットワークは盛んに活動している。

したがって、このネットワークが不安定になり、活動が過剰になると、とめどもなく悪い過去の記憶が引き出され、将来に対する取り越し苦労に明け暮れるという状態に陥りやすい。一方、ヨガを実践することによって、デフォルトモード・ネットワークが強化され、活動が安定化すると、不安や恐怖などの情動反応の処理と記憶に主要な役割を果たしている扁桃体の活動が抑制され、精神の安定化につながる。しかも、学習能力と記憶力に重要な役割を果たしている海馬の機能を高めることは、学習能力と記憶力を高めて認知機能の低下を防ぐ。

以上、ヨガが脳におよぼす影響についての研究を概観したが、ヨガの脳に対する研究は始まったばかりである。今後、ヨガを構成するいくつかの要素、すなわち体操的な要素、呼吸法、瞑想的な要素のそれぞれが脳にどのような影響を与えているか、ヨガがもたらす脳の変化が認知面、行動面に実際どのような効果をもつか、ヨガの実践期間の長さが効果とその持続期間に与える影響などが、より詳しく検討される必要がある。

2　禅によって脳が変わる

禅は、ヨガの行法を仏教に取り入れたもので、インド人の仏教僧「菩提達磨《ぼだいだるま》」を始祖とする。それが唐代末期の中国で広められ、鎌倉時代に日本に普及した。禅は、座禅を組んで瞑想する仏教の修行の一つで、「悟り」を開くことを目指す。悟りとは、自分の「内」にある仏性に気づき、身も心もいっさいの執着から離れることで、道元はその境地を「心身脱落」と表現している。

禅は時を超えて現代世界でも広がり、日本では一般人も気軽に参加できる座禅会が全国各地の寺で開催されている。座禅会は宗教色を排して、不安や恐怖、ストレスを軽減し、精神的健康の維持や増進を図ることを目的とした精神鍛錬として行われている。

このような状況を反映して、二〇一〇年頃から禅の脳におよぼす影響に関する研究が増えてきている。キーラン・フォックスら[2]は、これまでの主な研究結果を概観して、手技の相違があっても、総じて瞑想は、実行機能（衝動制御など）、固有受容性感覚（閉眼時でも自分の手足の位

置や動きがわかる）および運動制御が関係している脳領域である島皮質、背側前帯状回、前頭極（将来の予測）、前／補足運動皮質（自発的な運動の開始、異なる複数の運動を特定の順序に従って実行、両手の協調動作など）などの構造の変化をもたらす、と結論づけている。

　P・ケマーら[3]は、禅が脳神経のネットワークの機能的結接合性にどのように影響するか、機能的接続性のパターンによって禅未経験者と区別できるかを、安静時のｆＭＲＩ画像のネットワーク分析**によって調べた。禅を行ったグループは一二人（男性九人、女性三人）で、平均年齢は三七歳であった。彼らは指導者のもとで三年以上（平均八・七年）、毎日座禅を実践していた。比較対照者として、禅経験のない一二人（男性九人、女性三人）が選ばれ、彼らの平均年齢は三五歳であった。両群の教育年数は、どちらも平均一七年で差を認めなかった。全員が英語を母国言語としており、禅グループの一人が両手利きあったが、他のすべては右利きであった。

　被験者に「呼吸への注意」の瞑想を実践してもらい、その間の脳の状態がｆＭＲＩで調べられた。そして、スキャナーの外で持続的な注意力を測るコンピュータ化された神経心理学的テストが施行され、これらの結果がネットワーク分析によって解析された。

　その結果、禅経験者では禅未経験者と比べて前頭-頭頂部の注意回路が実行機能や顕著性の検出に関係している脳領域（前帯状皮質、島皮質、尾状核）と強い正の接合性を示し、視覚領域とは強い負の接合性を示した。これらの特徴的な機能的接続性のパターンの違いにより、禅経験者と禅未経験者とを約八割の精度で区別できると報告した。これらのことにより、禅経験者は瞑想の実践により、禅未経験者と異なる神経回路網を形成するこが示唆された。

最近では、一週間という短期間の禅の実践でも、注意力に関連する脳領域が可塑性によって機能的に変化し、効率性を高めることが報告されている[4]。

3 高僧の脳

チベットのダライ・ラマ一四世は、現代科学と仏教の瞑想の教えとの間にある共通点を見出した。そして、一九八六年に神経科学者フランシスコ・バレーラと共同で「精神と生命会議」を立ち上げ、そこで仏教者と脳科学・生命科学、量子力学、宇宙物理学など幅広いジャンルの科学者との共通の関心事に基づいた対話を継続している。その流れのなかで「精神と生命研究所」が設立された。

ダライ・ラマ一四世は、心が修行によって変わることを経験的に知っており、かねてから精神の鍛錬によって脳も変化する可能性があることについて興味をもっていた。そこで、仏教僧の瞑想が脳にどのような影響をおよぼすかについて、仏教学者と哲学者、科学者が集まって討議されるようになった。

そのなかで、一定の精神活動パターンを長期に繰り返していると、それに応じて脳が可塑性によって、機能的、構造的に変化する研究結果が次々と報告されるようになった。これらの研究結果は精神の鍛錬により「脳」そのものが変化することを示唆するものであり、さらにチベット僧の協力のもと、現代科学の方法を用いて、瞑想と脳の関係が調べられた。そして「まえがき」で述べたように、これらの成果が米国のサイエンス・ライターであるシャロン・ベグリーによって『「脳」を変える「心」』にまとめられた。ここでは、その一部を紹介し、その後の研究成果にもふれる。

米国ウィスコンシン大学の心理学および精神医学の教授リチャード・デヴィッドソンは、ダライ・ラマの協力を得て、一五〇〇〇～五万五〇〇〇時間の瞑想を実践してきたチベットの高僧一四人の脳をfMRIで調べた。その結果を比較するために瞑想の初心者一六名が研究に参加した。僧侶の平均年齢四六・八歳（二九～六四歳）で、初心者の年齢は平均四六・六歳であった。被験者たちは、スクリーン上に固定された小さな点に注意を集中させる瞑想と安静状態を交互に繰り返した。さらに、瞑想中に音による妨害刺激を加えたりして、その間の脳機能をfMRIで調べた。

その結果、平均一万九〇〇〇時間の瞑想を実践してきた僧たちは初心者よりも、注意集中法

図15-2　持続的注意に関与する脳領域

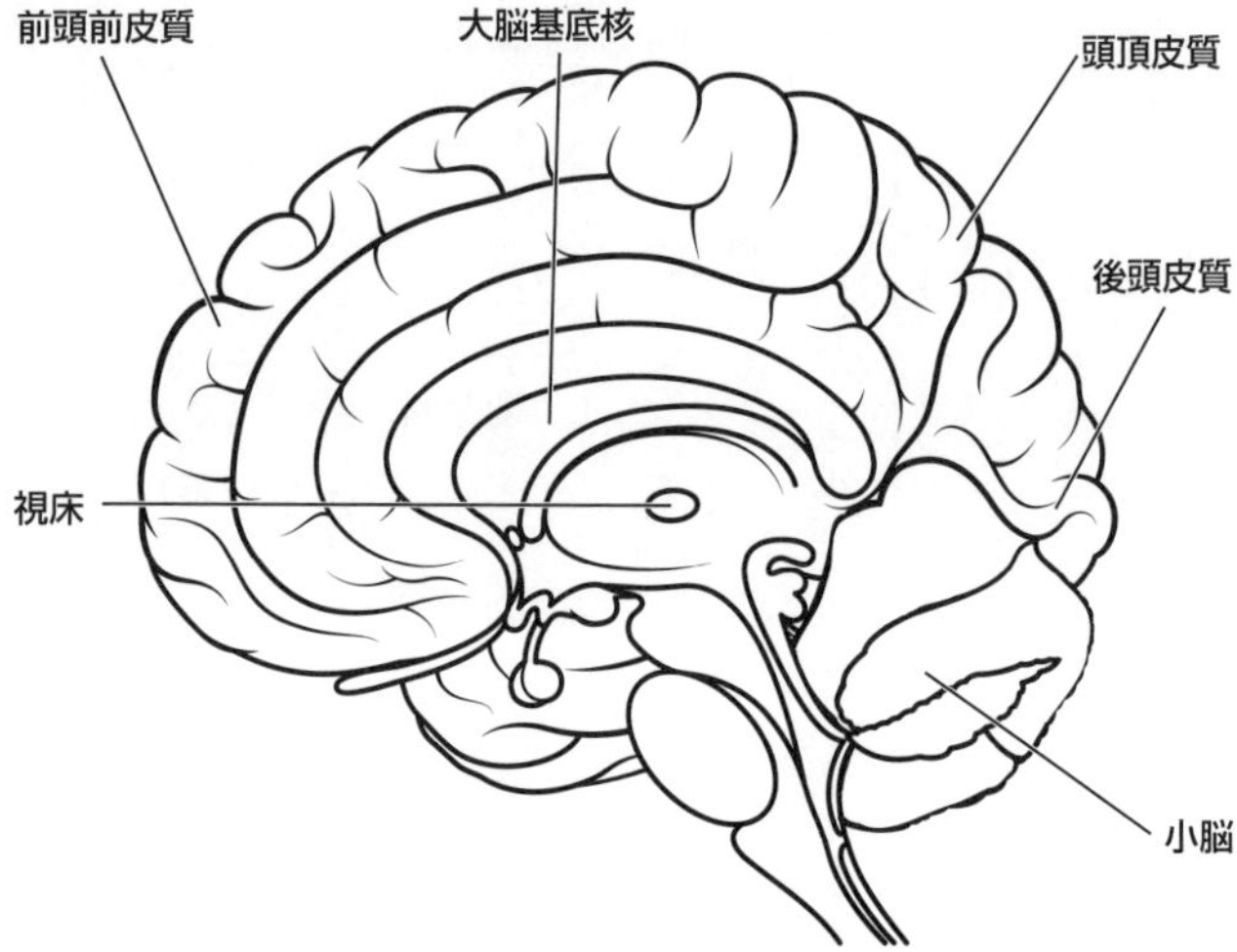

による瞑想時に、持続的注意に関与する脳領域である前頭-頭頂、外側後頭、島皮質、複数の視床核、大脳基底核、小脳などの活動性が高まっていた（図15-2）。

ところがおどろくべきことに、これらの僧たちのなかで平均四万四〇〇〇時間の瞑想を積んできた四人の高僧（平均五二・三歳）においては、その部分の活動性は逆に初心者よりも低下していた。これは何を物語っているのだろうか。おそらく、四万時間を超える瞑想を行った僧たちの脳は、これらの領域の神経効率性が高まり、より少ない脳活動で精神を集中できることを示していると思われる。

さらに、瞑想中の妨害音に対する反応をみると、瞑想実践者は初心者に比べて、思考集中を乱したり、感情をたかぶらせることに関連する脳領域の活性化が少なく、音に対する反応が抑制されていた。一方、注意に関連する脳領域の活動性が高まっていた。これらのことから、瞑想を長期間実践すればするほど、持続的注意に関与する脳領域の回路の機能が鋭敏になり、少ないエネルギーで効率よく集中を保つことができるように変化し、雑音や邪念に妨害されない強い脳ができあがるようだ。[5]

最近の研究では、「慈悲（慈愛）の瞑想」を平均四万時間実践した瞑想者の脳についてMRIを用いて調べられた。その結果、この人たちの脳では、他人に優しく思いやる社会的感情に関係している左腹外側前頭前野と前島皮質の灰白質の厚さが増していることが報告されている。[6]

これら一連の研究は、長期の瞑想を実践した高僧の脳や専門的実践者の脳構造や機能における可塑性の一端を明らかにしている。

ヨガや禅の瞑想は一般人の脳の働きを高め、さらにチベット仏教の高僧のように数万時間の瞑想を積み重ねた人の脳は雑念、雑音に動じない強固で清明なまでに鍛えあげられる。これらはいずれも、神経の可塑性によって生じた変化である。

まさに「念ずれば、（脳神経回路は）通ず」である。

＊ＢＯＬＤ法：脳の局所活動にともなう血行動態変化をとらえる。血液内の赤血球に含まれる還元へモグロビンを内因性の造影剤として用いている。還元へモグロビンは常磁性体であり、その周辺に磁場の乱れを生む。血流の増減や酸素消費の変化により、還元型へモグロビンの相対的な濃度が変化するので画像としてみえる。

＊＊ネットワーク分析：グラフ理論に基づき数学的手法を用いて、さまざまな脳領域の機能的接続性の強さを調べ、ネットワークを分析する方法。ネットワーク分析では、ネットワークの強さが接続性の強さを表し、解剖学的な近さとは必ずしも一致しない。

＊＊＊慈悲（慈愛）の瞑想：慈悲の思いを込めた祈りの言葉を自分、家族、親しい人、すべての人、すべての生きものまで広げ、心のなかで唱える瞑想法。マインドフルネス認知療法の一つの手法としても応用されている。

training alters stress-related amygdala resting state functional connectivity: A randomized controlled trial, *Soc Cogn Affect Neurosci.* 10(12): 1758–1768, 2015 (doi: 10.1093/scan/nsv066)
(7) Taren AA, Gianaros PJ, Greco CM, et al: Mindfulness meditation training and executive control network resting state functional cnnectivity: A randomized controlled trial, *Psychosom Med.* 79(6): 674–683, 2017 (doi: 10.1097/PSY.0000000000000466)

第15章

(1) Gothe, NP. Khan, I, Hayes, J et al: Yoga effects on brain health: A systematic review of the current literature, *Brain Plast.* 5 (1): 105–122, 2019 (doi: 10.3233/BPL-190084)
(2) Fox KC, Dixon ML, Nijeboer S, et al: Functional neuroanatomy of meditation: A review and meta-analysis of 78 functional neuroimaging investigations, *Neurosci Biobehav Rev.* 65: 208–228, 2016 (doi: 10.1016/j.neubiorev.2016.03.021)
(3) Kemmer PB, Guo Y, Wang Y, et al: Network-based characterization of brain functional connectivity in Zen practitioners, *Front Psychol.* 6: 603, 2015 (doi: 10.3389/fpsyg.2015.00603)
(4) Kozasa EH, Balardin JB, Sato JR, et al: Effects of a 7-day meditation retreat on the brain function of meditators and non-meditators during an attention task, *Front Hum Neurosci.* 12: 222, 2018 (doi: 10.3389/fnhum.2018.00222)
(5) Brefczynski-Lewis JA, Lutz A, Schaefer HS, et al: Neural correlates of attentional expertise in long-term meditation practitioners, *PNAS.* 104(27): 11483–11488, 2007 (doi: 10.1073/pnas.0606552104)
(6) Engen HG, Bernhardt BC, Skottnik L: Structural changes in socio-affective networks: Multi-modal MRI findings in long-term meditation practitioners, *Neuropsychologia.* 116 (Pt A): 26–33, 2018 (doi: 10.1016/j.neuropsychologia.2017.08.024)

randomized controlled trial, *PLos One*. 7(1): e29676, 2012 (doi: 10.1371/journal.pone.0029676)
(4) Pallavicini F, Ferrari A, Mantovani F: Video games for well-being: A systematic review on the application of computer games for cognitive and emotional training in the adult population, *Front Psychol*. 9: 2127, 2018 (doi: 10.3389/fpsyg.2018.02127)
(5) Ten Brinke LF, Davis JC, Barha CK, et al: Effects of computerized cognitive training on neuroimaging outcomes in older adults: A systematic review, *BMC Geriatr*. 17: 139, 2017 (doi: 10.1186/s12877-017-0529-x)
(6) West GL, Zendel BR, Konishi K, et al: Playing Super Mario 64 increases hippocampal grey matter in older adults, *PLos One*. 12(12): e0187779, 2017 (doi: 10.1371/journal.pone.0187779)

第14章

(1) Shou H, Yang Z, Satterthwaite TD, et al: Cognitive behavioral therapy increases amygdala connectivity with the cognitive control network in both MDD and PTSD, *Neuroimage Clin*. 14: 464-470, 2017 (doi: 10.1016/j.nicl.2017.01.030)
(2) Månsson KN, Salami A, Frick A, et al: Neuroplasticity in response to cognitive behavior therapy for social anxiety disorder, *Transl Psychiatry*. 6: e727, 2016 (doi: 10.1038/tp.2015.218)
(3) Månsson KN, Salami A, Carlbring P, et al: Structural but not functional neuroplasticity one year after effective cognitive behaviour therapy for social anxiety disorder, *Behav Brain Res*. 18: 45-51, 2017 (doi: 10.1016/j.bbr.2016.11.018)
(4) Gotink RA, Meijboom R, Vernooij MW, et al: 8-week Mindfulness Based Stress Reduction induces brain changes similar to traditional long-term meditation practice: A systematic review, *Brain Cogn*. 108: 32-41, 2016 (doi: 10.1016/j.bandc.2016.07.001)
(5) Tang, YY, Tang Y, Tang R, et al: Brief mental training reorganizes large-scale brain networks, *Front Syst Neurosci*. 11: 6, 2017 (doi: 10.3389/fnsys.2017.00006)
(6) Taren AA, Gianaros PJ, Greco CM, et al: Mindfulness meditation

J Neurosci. 34: 5012-5022, 2014（doi: 10.1523/JNEUROSCI.3707-13.2014）

第12章

(1) Sugaya N, Shirasaka T, Takahashi K, et al: Bio-psychosocial factors of children and adolescents with internet gaming disorder: A systematic review, *Biopsychosoc Med*. 13: 3, 2019（doi: 10.1186/s13030-019-0144-5）
(2) Sepede G, Tavino M, Santacroce R et al: Functional magnetic resonance imaging of internet addiction in young adults, *World J Radiol*. Feb 28; 8(2): 210-225, 2016（doi: 10.4329/wjr.v8.i2.210）
(3) Vaccaro AG, Potenza MN: Diagnostic and classification considerations regarding gaming disorder: Neurocognitive and neurobiological features, *Front Psychiatry*. 10: 405, 2019（doi: 10.3389/fpsyt.2019.00405）
(4) Wang Z, Liu X, Hu Y, et al: Altered brain functional networks in internet gaming disorder: Independent component and graph theoretical analysis under a probability discounting task, *CNS Spectr*. 24(5): 544-556. 219（doi: 10.1017/S1092852918001505）
(5) Kim JY, Chun JW, Park CH, et al: The correlation between the frontostriatal network and impulsivity in internet gaming disorder, *Sci Rep*. 9(1): 1191, 2019（doi: 10.1038/s41598-018-37702-4）

第13章

(1) Shah TM, Weinborn M, Verdile G, et al: Enhancing cognitive functioning in healthy older adults: A systematic review of the clinical significance of commercially available computerized cognitive training in preventing cognitive decline, *Neuropsychol Rev*. 27: 62-80, 2017（doi: 10.1007/s11065-016-9338-9）
(2) Leung NTY, Tam HMK, Chu LW, et al: Neural plastic effects of cognitive training on aging brain, *Neural Plast*. 2015: 535618, 2015（doi: 10.1155/2015/535618）
(3) Nouchi R, Taki Y, Takeuchi H, et al: Brain training game improves executive functions and processing speed in the elderly: A

(3) Kahathuduwa CN, Boyd LA, Davis T, et al: Brain regions involved in ingestive behavior and related psychological constructs in people undergoing calorie restriction, *Appetite*. 107: 348-361, 2016 (doi: 10.1016/j.appet.2016.08.112)
(4) Keys, A, Brozek, J, Henschel, A, et al: *The Biology of Human Starvation* (2 vols.), Minneapolis: University of Minnesota Press, 1950
(5) Seitz J, Herpertz-Dahlmann B, Konrad K: Brain morphological changes in adolescent and adult patients with anorexia nervosa, *J Neural Transm* (Vienna). 123(8): 949-959, 2016 (doi: 10.1007/s00702-016-1567-9)
(6) Steinglass J, Walsh TB: Neurobiological model of the persistence of anorexia nervosa, *J Eat Disord*. 4: 19, 2016 (doi: 10.1186/s40337-016-0106-2)
(7) Uniacke B, Walsh TB, Foerde K, Steinglass J: The role of habits in anorexia nervosa: Where we are and where to go from here? *Curr Psychiatry Rep*. 20(8): 61, 2018 (doi: 10.1007/s11920-018-0928-5)
(8) Haynos AF, Hall LMJ, Lavender JM, et al: Resting state functional connectivity of networks associated with reward and habit in anorexia nervosa, *Hum Brain Mapp*. 40(2): 652-662, 2018 (doi: 10.1002/hbm.24402)
(9) Davis L, Walsh BT, Schebendach J, et al: Habits are stronger with longer duration of illness and greater severity in anorexia nervosa, *Int J Eat Disord*. 53: 413-419, 2020 (http://doi.org/10.1002/eat.23265)
(10) Donnelly B, Touyz S, Hay P, et al: Neuroimaging in bulimia nervosa and binge eating disorder: A systematic review, *J Eat Disord*. 6(1): 3, 2018 (doi: 10.1186/s40337-018-0187-1)
(11) Morin JP, Rodríguez-Durán LF, Guzmán-Ramos K, et al: Palatable hyper-caloric foods impact on neuronal plasticity, *Front Behav Neurosci*. 11: 19, 2017 (doi: 10.3389/fnbeh.2017.00019)
(12) Furlong TM, Jayaweera HK, Balleine BW, et al: Binge-like consumption of a palatable food accelerates habitual control of behavior and is dependent on activation of the dorsolateral striatum,

(3) Smith KS, Graybiel AN: Habit formation, *Dialogues Clin Neurosci* 18(1): 33-43, 2016

第10章

(1) Black DW, Gaffney GR: Subclinical obsessive-compulsive disorder in children and adolescents: additional results from a "high-risk" study, *CNS Spectr.* 13 (suppl14): 54-61, 2008 (doi: 10.1017/s1092852900026948)
(2) Suñol M, Contreras-Rodríguez O, Macià D, et al: Brain structural correlates of subclinical obsessive-compulsive symptoms in healthy children, *J Am Acad Child Adolesc Psychiatry.* 57(1): 41-47, 2018 (doi: 10.1016/j.jaac.2017.10.016)
(3) Snorrason I, Lee HJ, de Wit S, et al: Are nonclinical obsessive-compulsive symptoms associated with bias toward habits? *Psychiatry Res.* 241: 221-223. 2016 (doi: 10.1016/j.psychres.2016.04.067)
(4) Saxena S, Brody AL, Schwartz JM, et al: Neuroimaging and frontal-subcortical circuity in obsessive-compulsive disorder, *Brit J Psychiatry,* Suppl(35): 26-37, 1998 (doi: 10.4103/0253-7176.191395)
(5) Gillan CM, Robbins TW, Sahakian BJ, et al: The role of habit in compulsivity, *Euro Neuro.* 26: 828-840, 2016 (doi: 10.1016/j.euroneuro.2015.12.033)
(6) Lipton, DM Gonzales BJ, Citri A: Dorsal striatal circuits for habits, compulsions and addictions, *Front Syst Neurosci.* 13: 28, 2019 (doi: 10.3389/fnsys.2019.00028)

第11章

(1) Su Y, JacksonT, Wei, D, et al: Regional gray matter volume is associated with restrained eating in healthy chinese young adults: Evidence from voxel-based morphometry, *Front Psychol.* 8: 443. 2017 (doi: 10.3389/fpsyg.2017.00443)
(2) Dong D, Jackson T, Wang Y, et al: Spontaneous regional brain activity links restrained eating to later weight gain among young women, *Biol Psychol.* 109: 176-83, 2015 (doi: 10.1016/j.biopsycho.2015.05.003)

(17) Rochette, F, Moussard, A, Bigand, E: Music lessons improve auditory perceptual and cognitive performance in deaf children, *Front Hum Neurosci*. 8: 488. 2014 (doi: 10.3389/fnhum.2014.00488)

第8章

(1) Mechelli, AJT, Crinion U, Noppeney J, et al: Neurolinguistics: Structural plasticity in the bilingual brain, *Nature*. 431: 757, 2004 (doi: 10.1038/431757a)
(2) Bellander M, Berggren R, Mårtensson J, et al: Behavioral correlates of changes in hippocampal gray matter structure during acquisition of foreign vocabulary, *Neuroimage*. 131: 205–213, 2016 (doi: 10.1016/j.neuroimage.2015.10.020)
(3) Kuhl PK, Stevenson J, Corrigan NM,et al: Neuroimaging of the bilingual brain: Structural brain correlates of listening and speaking in a second language, *Brain Lang*. 162: 1–9, 2016 (doi: 10.1016/j.bandl.2016.07.004)
(4) Burgaleta M, Sanjuán A, Ventura-Campos N, et al: Bilingualism at the core of the brain: Structural differences between bilinguals and monolinguals revealed by subcortical shape analysis, *Neuroimage*. 125: 437–445, 2016 (doi: 10.1016/j.neuroimage.2015.090.073)
(5) Hervais-Adelman A, Moser-Mercer B, Golestani N: Brain functional plasticity associated with the emergence of expertise in extreme language control, *Neuroimage*. 114: 264–274, 2015 (doi: 10.1016/j.neuroimage.2015.03.072)
(6) Bialystok E, Bak TH, Burke DM, et al: Aging in two languages: Implication for public health, *Aging Res Rev*. 27: 56–60, 2016 (doi: 10.1016/j.arr.2016.03.003)

第9章

(1) Graybiel AN: Habits, ritual, and the evaluative brain, *Annu Rev Neurosci*. 31: 359–387, 2008 (doi: 10.1146/annurev.neuro.29.051605.112851)
(2) 吉田純一・磯村宜和「習慣の神経メカニズム」『生体の科学』66巻1号：14–18、2015年

shows effect of long-term musical practice in middle-aged keyboard players, *Front Psychol.* 4: 636, 2013 (doi: 10.3389/fpsyg.2013.00636)
(8) Vollmann H, Ragert P, Conde V et al: Instrument specific use-dependent plasticity shapes the anatomical properties of the corpus callosum: a comparison between musicians and non-musicians, *Front Behav Neurosci.* 8: 245, 2014 (doi: 10.3389/fnbeh.2014.00245)
(9) Loui P: A Dual-Stream neuroanatomy of singing, *Music Percept.* 32 (3): 232–241, 2015 (doi: 10.1525/mp.2015.32.3.232)
(10) Seinfeld S, Figueroa H, Ortiz-Gil J, et al: Effects of music learning and piano practice on cognitive function, mood and quality of life in older adults, *Front Psychol.* 4: 810, 2013 (doi: 10.3389/fpsyg.2013.00810)
(11) Bidelman G, Alain C: Musical training orchestrates coordinated neuroplasticity in auditory brainstem and cortex to counteract age-related declines in categorical vowel perception, *J Neurosci.* 35(3): 1240–1249, 2015 (doi: 10.1523/JNEUROSCI.3292-14.2015)
(12) Schneider S, Schönle PW, Altenmüller E, et al: Using musical instruments to improve motor skill recovery following a stroke, *J Neurol.* 254(10): 1339–1346, 2007 (doi: 10.1007/s00415-006-0523-2)
(13) Thaut, MH, Mcintosh, GC, Rice, RR, et al: Rhythmic auditory stimulation in gait training for Parkinson's disease patients, *Mov Disord.* 11(2): 193–200, 1996 (doi: 10.1002/mds.870110213)
(14) Chang Y-S, Chu H, Yang C-Y et al: The efficacy of music therapy for people with dementia: A meta-analysis of randomised controlled trials, *J Cli Nurs.* 24, 3425–3440, 2015 (doi: 10.1111/jocn.12976)
(15) Satoh M, Yuba T, Tabei K, et al: Music therapy using singing training improves psychomotor speed in patients with Alzheimer's disease: A neuropsychological and fMRI study, *Dement Geriatr Cogn Disord Extra.* 5(3): 296–308, 2015 (doi: 10.1159/000436960)
(16) Overy, K: Dyslexia, temporal processing and music: The potential of music as an early learning aid for dyslexic children, *Psychol Music* 28(2): 218–229, 2000 (doi: 10.1177/0305735600282010)

network plasticity: A diffusion-tensor imaging study, *PLos One*. 14 (2): e0210015, 2019 (doi: 10.1371/journal.pone.0210015)
(7) Jäncke L, Koeneke S, Hoppe A, et al: The architecture of the golfers brain, *Plos One*. 4(3): e4785, 2009 (doi: 10.1371/journal.pone.0004785)
(8) Huang R, Lu M, Song Z et al: Long-term intensive training induced brain structural changes in world class gymnasts, *Brain Struct Funct*. 220: 625-644, 2015 (doi: 10.1007/s00429-013-0677-5)
(9) Deng F, Zhao L, Liu C, et al: Plasticity in deep and superficial white matter: A DTI study in world class gymnasts, *Brain Struct Funct*. 223(4): 1849-1862, 2018 (doi: 10.1007/s00429-017-1594-9)

第7章

(1) Zhao TC, Kuhl PK: Musical intervention enhances infants' neural processing of temporal structure in music and speech, *PNAS*. 113 (19): 5212-5217, 2016 (doi: 10.1073/pnas.1603984113)
(2) Moreno S, Lee Y: Short-term second language and music training induces lasting functional brain changes in early childhood, *Child Dev*. 86(2): 394-406, 2015 (doi: 10.1111/cdev.12297)
(3) Habibi A, Cah BR, Damasio A, et al: Neural correlates of accelerated auditory processing in children engaged in music training, *Dev Cogn Neurosci*. 21: 1-14, 2016 (doi: 10.1016/j.dcn.2016.04.003)
(4) Tierney AT, Krizman J, Kraus N, et al: Music training alters the course of adolescent auditory development, *PNAS*. 112 (32): 10062-10067, 2015 (doi: 10.1073/pnas.1505114112)
(5) Gaser, C , Schlaug G: Brain structures differ between musicians and non-musicians, *J Neurosci*, 23(27): 9240-9245, 2003 (doi: 10.1523/JNEUROSCI.23-27-09240.2003)
(6) Elbert, T, Pantev C, Wienbruch, B et al: Increased cortical representation of the fingers of the left hand in string players, *Science*. 270(5234): 305-307, 1995 (doi: 10.1126/science.270.5234.305)
(7) Gärtner H, Minnerop N, Pieperhoff P, et al: Brain morphometry

4398-4403, 2000（doi: 10.1073/pnas.070039597）
(6) 独立行政法人理化学研究所「将棋棋士の『直観思考』を科学、修練は新たな直観回路を作る――プロ棋士の直観回路の測定に成功、修練された直観思考の謎解明が展開」2008年11月（https://www.riken.jp/medialibrary/riken/pr/press/2008/20081123_1/20081123_1.pdf）
(7) Wan X, Takano D, Asamizuya T, et al: Developing intuition: neural correlates of cognitive-skill learning in caudate nucleus, *J Neurosci*. 32(48): 17492-17501, 2012（doi: https://doi.org/10.1523/JNEUROSCI.2312-12.2012）
(8) Wan X, Cheng K, Tanaka K: Neural encoding of opposing strategy values in anterior and posterior cingulate cortex, *Nat Neurosci*. 18(5): 752-759, 2015（doi: 10.1038/nn.3999）
(9) 田中啓治「将棋棋士の直観と脳」『Brain and Nerve』70巻６号：607-615、2018年

第6章

(1) Debamot U, Sperduti M, Di Rienzo F, et al: Experts bodies, experts minds: How physical and mental training shape the brain, *Front Hum Neurosci*. 8: 280, 2014（doi: 10.3389/fnhum.2014.00280
(2) Di X, Zhu, S, Jin H, et al: Altered resting brain function and structure in professional badminton players, *Brain Connect*. 2(4): 225-233, 2012（doi: 10.1089/brain.2011.0050）
(3) Xu H, Wang P, Ye Z et al: The role of medial frontal cortex in action anticipation in professional badminton players, *Front Psychol*. 7: 1817, 2016（doi: 10.3389/fpsyg.2016.01817）
(4) Hänggi J, Langer N, Lutz K et al: Structural brain correlates associated with professional handball playing, *Plos One*. 10(4): e0124222, 2015（doi: 10,1371/journal.pone.0124222）
(5) Tan XY, Pi YL, Wang J, et al: Morphological and functional differences between athletes and novices in cortical neuronal networks, *Front Hum Neurosci*. 10: 660, 2017（doi: 10.3389/fnhum.2016.00660）
(6) Pi YL, Wu XH, Wang J, et al: Motor skill learning induces brain

第4章

（1）Spirduso WW, Clifford P: Replication of age and physical activity effects on reaction and movement time, *J Gerontol*. 33: 26-30, 1978

（2）Hamilton GF, Rhodes JS: Exercise regulation of cognitive function and neuroplasticity in the healthy and diseased brain, *Prog Mol Biol Transl Sci*. 135: 381-406, 2015（doi: 10.1016/bs.pmbts.2015.07.004）

（3）Rehfeld K, Lüders A, Hökelmann A, et al: Dance training is superior to repetitive physical exercise in inducing brain plasticity in the elderly, *Plos One*. 13(7): 2018, e0196636（doi: 10.1371/journal.pone.0196636）

（4）Teixeira-Machado L, Arida RM, de Jesus Mari J: Dance for neuroplasticity: A descriptive systematic review, *Neurosci Biobehav Rev*. 96: 232-240, 2019（doi: 10.1016/j.neubiorev.2018.12.010）

第Ⅱ部イントロダクション

（1）Ericsson, KA: Deliberate practice and acquisition of expert performance: a general overview, *Acad Emerg Med*. 15: 988-994, 2008（doi: 10.1111/j.1553-2712.2008.00227.x）

第5章

（1）Draganski B, Gaser G,Busch V, et al: Changes in grey matter induced by training, *Nature*. 427: 311-312, 2004（doi: 10.1038/427311a）

（2）Scholz, J, Klein, MC, Behrens, TE, Johansen-Berg H: Training induces changes in white matter architecture, *Nat neurosci*. 12(11): 1370-1371, 2009（doi: 10.1038/nn.2412）

（3）Gerber P, Schlaffke L, Heba S, et al: Juggling revisited- a voxel-based morphometry study with expert jugglers, *Neuroimage*. 95: 320-325, 2014（doi: 10.1016/j.neuroimage.2014.04.023）

（4）Ito T, Matsuda T, Shimojo S: Functional connectivity of the striatum in experts of stenography, *Brain and Behavior*. 5(5): e00333, 2015（doi: 10.1002/brb3.333）

（5）Maguire EA, Gadian DG, Johnsrude IS, et al: Navigation-related structural change in the hippocampi of taxi drivers, *PNAS*. 97(8):

●文献注

第1章

（1）植木美乃「ヘッブ学習」（1章 神経科学の基礎．3学習と再学習に関わる脳領域）、里宇明元・牛場潤一監修『神経科学の最前線とリハビリテーション——脳の可塑性と運動』医歯薬出版、2015年、22-25

第2章

（1）Ambrogini P, Betti M, Galati C, et al: α-tocopherol and hippocampal neural plasticity in physiological and pathological conditions, *Int J Mol Sci.* 17(12): 2107, 2016（doi: 10.3390/ijms17122107）

（2）Su KP, Matsuoka Y, Pae CU: Omega-3 polyunsaturated fatty acids in prevention of mood and anxiety disorders, *Clin Psychopharmacol Neurosci.* 13(2): 129-137, 2015（doi: 10.9758/cpn.2015.13.2.129）

（3）Murphy T, Dias GP, Thuret S: Effects of diet on brain plasticity in animal and human studies: Mind the gap, *Neural Plasticity*, Article ID 563160, 32, 2014（doi: 10.1155/2014/563160）

（4）Poulose SM, Miller MG, Scott T, et al: Nutritional factors affecting adult neurogenesis and cognitive function, *Adv Nutr.* 8(6): 804-811, 2017（doi: 10.3945/an.117.016261）

第3章

（1）Rasch B, Born J: About sleep's role in memory, *Physiol Rev.* 93(2): 681-766, 2013（http://doi.org/10.1152/physrev.00032.2012）

（2）Niethard N, Burgalossi A, Born J: Plasticity during sleep is linked to specific regulation of cortical circuit activity, *Front Neural Circuits.* 11: 65, 2017（doi: 10.3389/fncir.2017.00065）

（3）Krause AJ, Simon EB, Mander BA, et al: The sleep-deprived human brain, *Nat Rev Neurosci.*18(7): 404-418, 2017（doi: 10.1038/nrn.2017.55）

著者紹介■切池信夫（きりいけ・のぶお）
大阪市立大学名誉教授。浜寺病院名誉院長。
1971年３月、大阪市立大学医学部卒業。1979年１月、米国ネブラスカ州立大学医学部薬理学教室。1982年10月、大阪市立大学医学部講師（神経精神医学）教室。1992年７月、同助教授。1999年５月、同教授。2012年同大学名誉教授。2008〜2014年日本摂食障害学会理事長。専門：摂食障害。
著書：『摂食障害――食べない、食べられない、食べたら止まらない〈第２版〉』（医学書院、2009年）『摂食障害治療ガイドライン』（監修、医学書院、2012年）『クリニックで診る摂食障害』（医学書院、2015年）『拒食症と過食症の治し方』（監修、講談社、2016年）ほか多数。
趣味：ギター、音楽鑑賞、カラオケ、マージャン、ゴルフ、読書、旅行。

やる気《き》と行動《こうどう》が脳《のう》を変《か》える
――良い習慣の形成から認知症の予防まで

2020年11月25日　第１版第１刷発行

著　者――切池信夫
発行所――株式会社日本評論社
〒170-8474　東京都豊島区南大塚3-12-4
電話 03-3987-8621（販売）8598（編集）
印刷所――精文堂印刷株式会社
製本所――株式会社難波製本
装　丁――山崎　登

ISBN978-4-535-98498-1 Printed in Japan